# まちの植物のせかい

そんなふうに
生きていたのね

# もくじ

## 第2章　巧みな技の数々　植物の生き方



## 第3章　多種多様な受粉方法　植物の子孫の残し方

## 第4章　人知れず咲く、まちのお花を探しに　植物の隠れた花



## 第5章　知恵の結晶を楽しむ　植物の種

## はじめに

皆様こんにちは。本書を手に取っていただきありがとうございます。

この本は図鑑でも専門書でもなく、植物に対する〝私の視線〟を表現するという、全く新しいつくりの本です。まちなかで植物を見つけるところから始まり、私がなにをどのように面白そうと思ったか、あるいは疑問に感じたかをご紹介し、そのあとに植物を拡大して見たり、触れたり、嗅いだりしながら驚きの発見をしていく、植物観察のアイデア集のような本です。詳しい友達と一緒に、植物の面白さを探しに行くという気持ちでお読みいただければと思っています。

私は今では、植物を見るだけで幸せになれる植物大好き人間ですが、生まれつき好きだったわけではありません。これまでに多くの先生、先輩に教わり、本を読みながら、だんだんと好きになっていったという経緯があります。ですので、植物に触れてみたいけれど、どうやってこの世界に飛び込んだらいいか分からないという方の気持ちが、私にはよく分かります。そこで、そんな方々のために初心者向け観察会を開くようになり、今ではその活動が日本全国に及び、私のライフワークのひとつとなっています。

と言っても、植物の世界はどこまでも深く、いつまで経っても私は半人前。勉強勉強の毎日です。植物の知識として見れば上には上がいる世界で、私が本を出すことは本当はおこがましいことなのですが、私の最大の強みは植物に対する驚きや感動の気持ちが、まだ自分の中に瑞々しく残っていることだと思っています。今だから書ける、いえ、今しか書けない植物観察本であるという意味では、自信を持って楽しく書かせていただきました。

最後に、私の肩書は〝植物観察家〟と言います。これは独立する私のために、先輩が考えてくれたもので、研究者でも専門家でもなく、読んでそのまま〝植物を観察する人間〟という意味です。専門性がなくても、植物を観察したことがあれば今すぐにでも名乗ることが出来る、きわめて敷居の低い肩書を自分につけることで、植物観察は誰にでも出来るんだ、誰でも楽しめるんだというメッセージを込めています。これから、この肩書を名乗る人がどんどん増えていったら面白いなと思っています。

## 野山に行かなくても大丈夫

# まちなかにあふれる植物たち

よし、今日は植物観察だ！
まずはザックを用意して……
なぁんて準備は必要ありません。
なぜなら植物は、
玄関を開けたらもうすぐそこに
生きているからです。
まちなかのあらゆる場所で、
その愛らしく、たくましい姿に
出会うことが出来ます。

### ただの道ばた

なんということのない道路でも、アスファルトにツメクサが生えていたり、道路とブロック塀の隙間にはアカメガシワなどの樹木が生えていることがあります。道ばたは、生活のついでに植物を楽しむにはもってこい。

### 街路樹

まちを歩いていれば必ずどこかに樹木が植えられています。シンボルツリーになっているような木の名前を覚えていれば、「じゃあ駅前のハナミズキの下で待ち合わせね！」なんて素敵な約束が出来るようになるかも。

## 駐車場や空き地

砂利敷きの駐車場や、道沿いの空き地はタチアオイなどの大きな草から、ツユクサなどの背丈の低い草まで、多くの植物の楽園となっていることがあります。マイ観察用空き地を見つけておくのもおすすめ。

## 公園

遠くまで見通せる芝生の中をよく見ると、シロツメクサやネジバナの可愛いらしい花を見つけられるかもしれません。また広い空間で、伸び伸びと枝葉を伸ばした樹木の形を観察出来るのも、公園ならでは。

## 庭木

住居の庭には、海外が原産の植物が植えられていることがあります。たとえば北アメリカ原産のアメリカシャクナゲや、地中海地方などが原産とされるナギイカダの花。驚きの出会いを楽しみましょう。

## 畑

畑に生える雑草でも、驚くほど綺麗なアカザや、畔《あぜ》に生えるヒガンバナなど見応えのある植物が多くあります。

# 第1章

# 美しく奇妙で驚きの形

## 植物の見た目

# 白と赤のビーズが凄いのさ

## シロザ と アカザ

| | |
|---|---|
| 科名 | ヒユ科（旧アカザ科） |
| まちで見かける草丈 | 10㎝～1.5m |
| まちで見られる時期 | 白と赤のビーズは4月～11月 |
| 探しに行くなら | シロザの方が見つけやすく、道ばたや空き地、畑など。アカザは畑など。 |

ちょっとその辺をお散歩していると、太陽を浴びて輝く草を発見。
光が透けて綺麗だなぁ。
なんだか気になるぞ、よし、正面から見てみよう。

なるほど。**シロザ**だったのか。
中心から出ている新芽が白いことが特徴。〝新芽が白いのさ（ザ）〟でシロザです。

色がついた葉っぱを見つけると、ひとまずこすってみるという癖を持っている私。今日も気付いたら新芽をつまんでいました。

するとそこにあったのは
びっしり詰まった白いビーズ！
これは驚き。なんという見応えでしょうか。素晴らしい。

あれ、そしたらそういえば、とすぐに思い出したのが……

〝新芽が赤いのさ（ザ）〟で
**アカザ**です。
この赤い部分を
先ほどと同じように
こすってみると
やっぱり！
赤が取れました。
ということはこれも
シロザと同じく

アカザ、お前もか、と思わず口に出してしまいましたが、きっとシロザだって驚いていることでしょう。「僕だけじゃなかったのか！」と。

こんなにも美しいつくりなので、さぞかし立派な理由があるのだろうといろいろな図鑑で調べてみるも、意外なことに明確な説明が見当たりません。新芽を保護するためだとしてもビーズ状になっている理由が分からないし、受粉を手伝う虫を誘うためだとしても今はまだ花も咲いていない時期だし。そもそも白と赤に色がわかれる理由も分からない。うぅん、謎だ……。

植物に目をとめれば、路上はたちまち謎だらけの美術館に様変わり！

# くるくる巻いた
# 春のエネルギー

## ソテツ

| | |
|---|---|
| 科名 | ソテツ科 |
| まちで見かける樹高 | 2m～5m |
| まちで見られる時期 | 新緑は6月後半～7月 |
| 探しに行くなら | 街路樹、公園、庭木 |

まちを歩いているとわりとよく出会う、いかにも南国からやってきたという風情の植物、**ソテツ**。九州南部〜沖縄に自生していますが、そのほかのエリアでも庭木として使われることがあるので、近くで見かける機会も多いと思います。

このとげとげの葉っぱが特徴。

触るととっても痛いのですが、じつは6〜7月ころだけは全く痛くないことをご存知でしょうか。

その理由はこれ。ソテツの真ん中からなにやら白いものが突き出ています。

ここです。

なんとなくお分かりだと思いますが、これはソテツの新芽の部分。新しい葉っぱが出てきたまさにその瞬間です。これがまた凄い形をしておりまして……

ほら、見えますか？
どうでしょうか このつくり！
葉っぱがくるくる巻いて 見事に収納されています。

思わず見とれる
秩序感です。

このくるくるが少しずつ
伸びていき

だんだんと大人の葉っぱに近づいていくと

こうして見事なとげとげの葉っぱが完成します。

新緑と一口に言ってもその様子は様々。爽やかなものばかりではなく、こうして凄みを感じさせる新緑もあるんですね。

これぞ植物のエネルギーが発散される
まさにその瞬間。
あぁ、いつまでも見ていたい。もうこ
の葉っぱが展開しきるまで、ここにい
てやろうかしら。

# 路上で楽しむ
# 線香花火
## タケニグサ

| | |
|---|---|
| 科名 | ケシ科 |
| まちで見かける草丈 | 1m～2m |
| まちで見られる時期 | 花は7月～8月 |
| 探しに行くなら | 道ばた、空き地 |

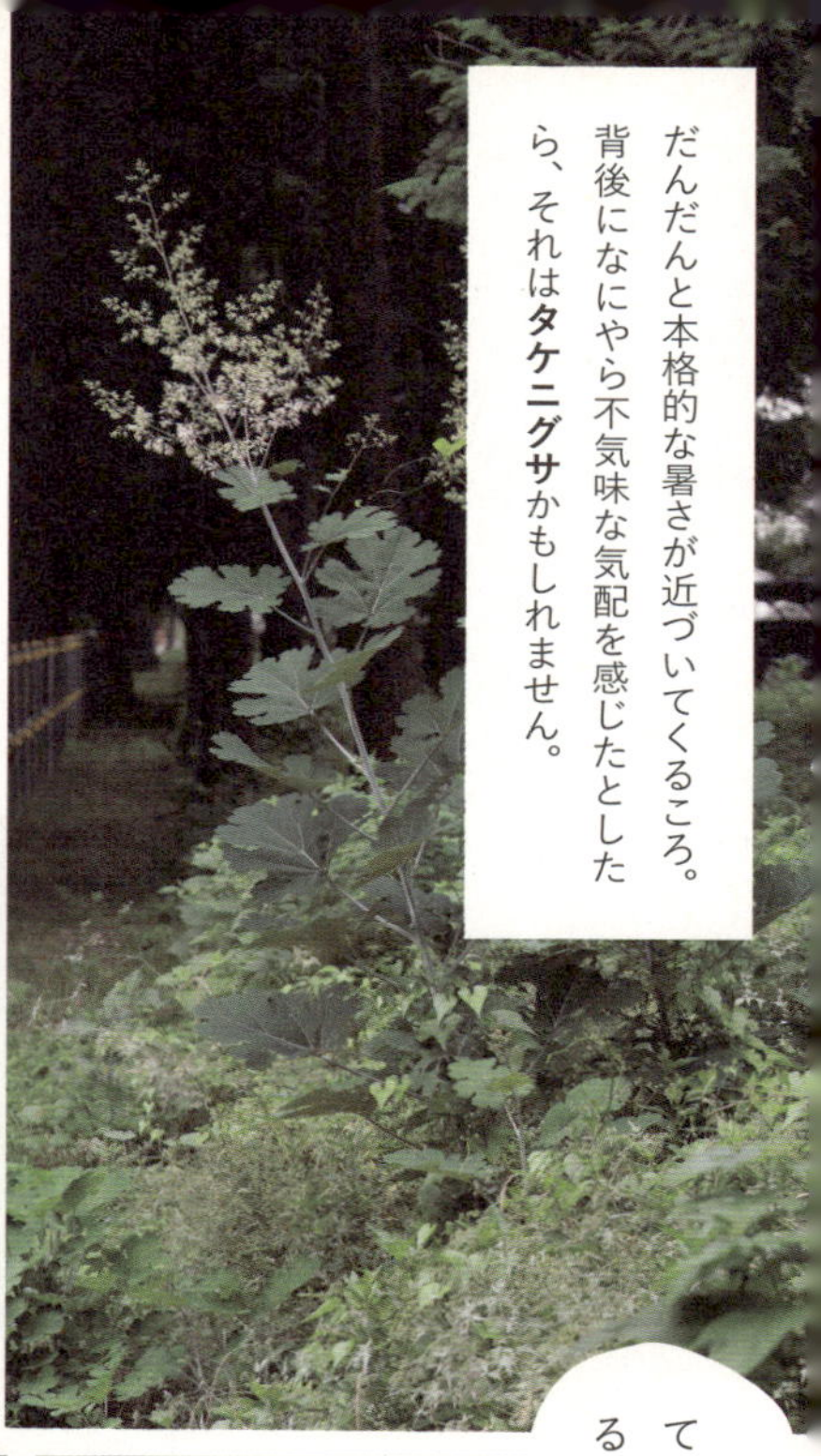

だんだんと本格的な暑さが近づいてくるころ。背後になにやら不気味な気配を感じたとしたら、それは**タケニグサ**かもしれません。

草丈1～2mほどにもなる大きな草なので、少しでも視界に入れば気付きそうなものですが、不思議なことにその名前を知らないと見落としてしまいがちです。名前を知るということは、つくづく大事なことだと思わせられる植物です。

さて、タケニグサタケニグサタケニグサ……と10回唱えて名前を覚えたら、ぜひそのまま観察をしてみてください。

まずは、この上の部分に注目。

てっぺんについているのが花の芽です。

芽が大きくなったものがこれ。開花直前の様子です。

白いつぼみも、よく見ると綺麗ですね。

このつぼみがぱっと開くわけなのですが、その姿が線香花火のようで、なんとも風情があります。
ぱっ!!

白い部分（ガク）は花が開くと落ちてしまい、中から何本もの雄しべと、中心からピンク色の雌しべがひとつ出てきます。

花が終わったあとはすぐに小さな実が出来ますが、さきほどの花とはまた違う趣があって、これはこれで素敵です。

まさしく段階ごとに燃え方が変わる線香花火みたいで、昼間からうっとり。ビールでも飲みたいくらいです。

さて、見応えがあるのは花だけではなく、

葉っぱの形だって
印象的です。

葉っぱの裏側は白色をし
ていますが、

ここに近づいていくと

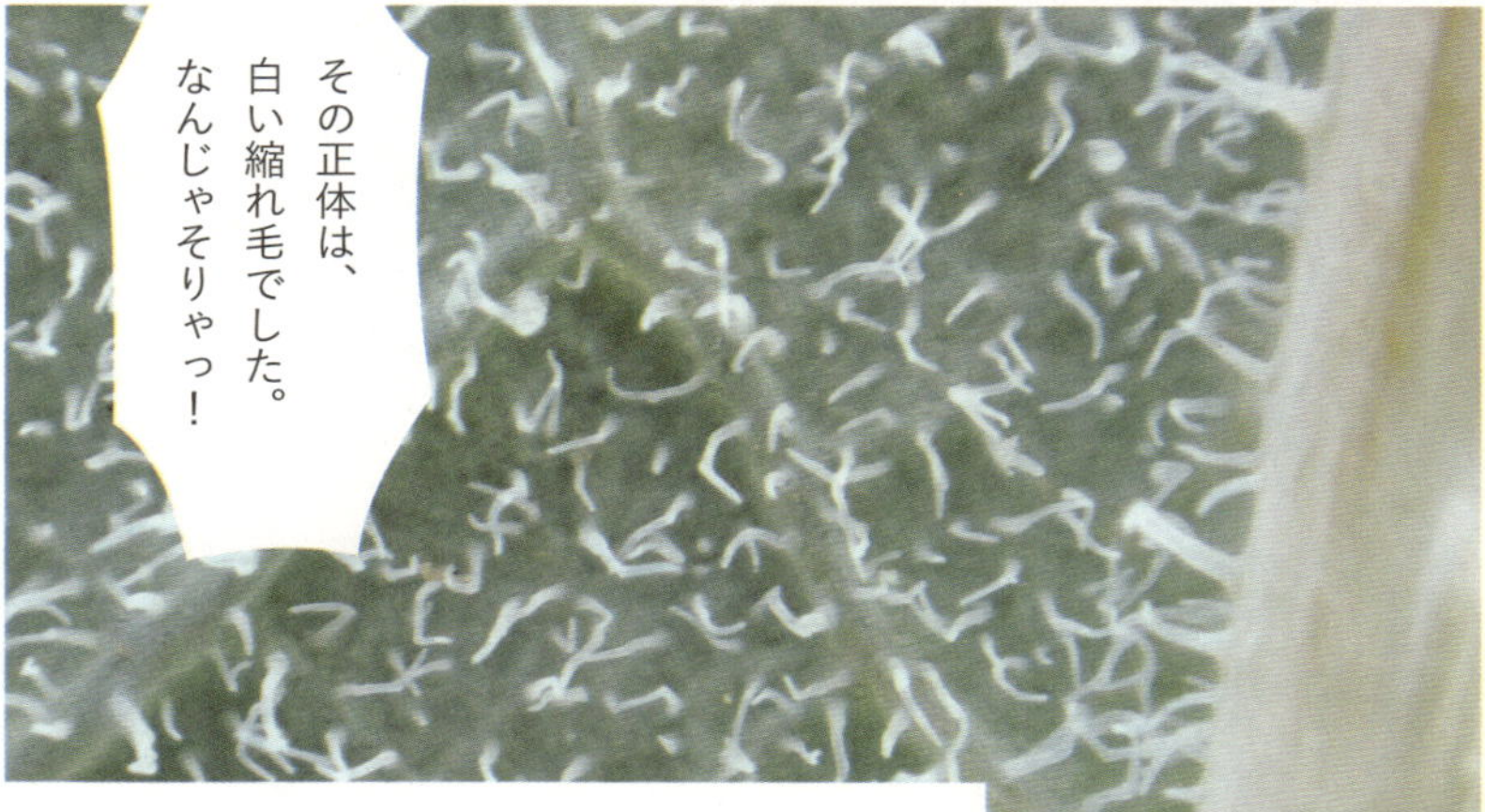
その正体は、
白い縮れ毛でした。
なんじゃそりゃっ！

タケニグサは、ケシ科の有毒植物。

日本ではあまり使われませんが、海外では園芸植物として使われることがあるのだとか。

確かにこの見た目ですから、日本でももっと広く認知されていてもいいのになと思います。

大きいのに人知れず咲き誇るタケニグサを見て、今晩は花火でもしようかな……と家路へと急ぐ初夏のある日なのでした。

# 謎の腺毛《せんもう》を隠し持つ
## ヘクソカズラ

| | |
|---|---|
| 科名 | アカネ科 |
| まちで見かける草丈 | つる性(つるが伸びていくところまで) |
| まちで見られる時期 | 花は7月〜9月 |
| 探しに行くなら | 道ばた、空き地 |

怖いもの見たさならぬ、怖いもの嗅ぎたさで
ついつい手に取ってしまうのがこの植物。

そこにフェンスさえあれば
どこででも見かける路上の
お馴染み選手です。

さぁ今日も葉っぱを嗅いでみよう。ちょっとちぎって指で揉んでと。

やっぱり今日も臭い！ もしかしてたまに臭くない日があったら新発見だなと思って毎回嗅ぐんですが、いっつも臭い。雨でも晴れでも臭い。

今の時代だけ臭いわけではなく、どうも昔からずっと臭いみたいなので、この匂いがそのまま名前になっています。

書くのさえためらいますが、屁と糞の匂いがするから**ヘクソカズラ**……。ちなみに、植物の名前につくカズラというのはツルを指します。

まったくもう、なんと安直でお下品な名前なんでしょうか。でもそんな名前かわいそうじゃない？ と思った人がいたようで

この花の赤色を灸《やいと》（お灸のこと）を置いた痕にたとえて、ヤイトバナという別名がついていたり

この角度から見ると、早乙女（田植えをする女性）が笠を被っているように見えるのでサオトメバナやサオトメカズラと素敵に呼ばれたりもします。

ですが、今もってこの植物の名誉挽回は叶わず、図鑑にはヘクソカズラと掲載されています。それだけインパクトがある匂いだということなので、ぜひ皆さん、実際に匂いを確かめてみてください。

と、こんなことばっかり書くと悪口を書いてお終いになってしまうので、ここからはヘクソカズラのほかの特徴を探してみることにします。

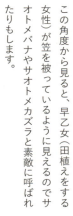

まずは花の側面をアップで。

見てください、この白い球のような毛の数々を！　光が反射して、誠に綺麗ではありませんか。

続いて正面から。赤い部分にたくさんの毛が生えているのが分かります。

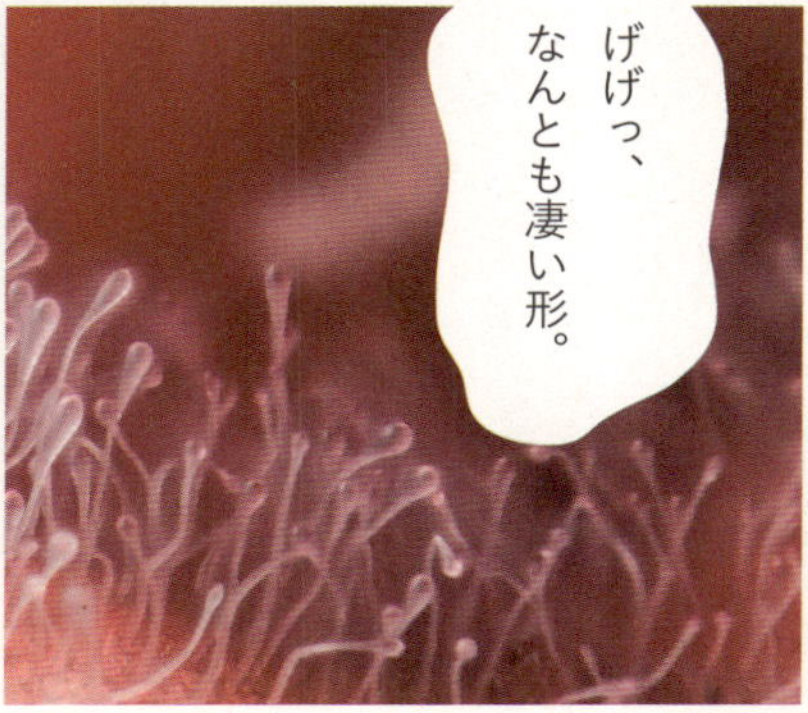

げげっ、なんとも凄い形。

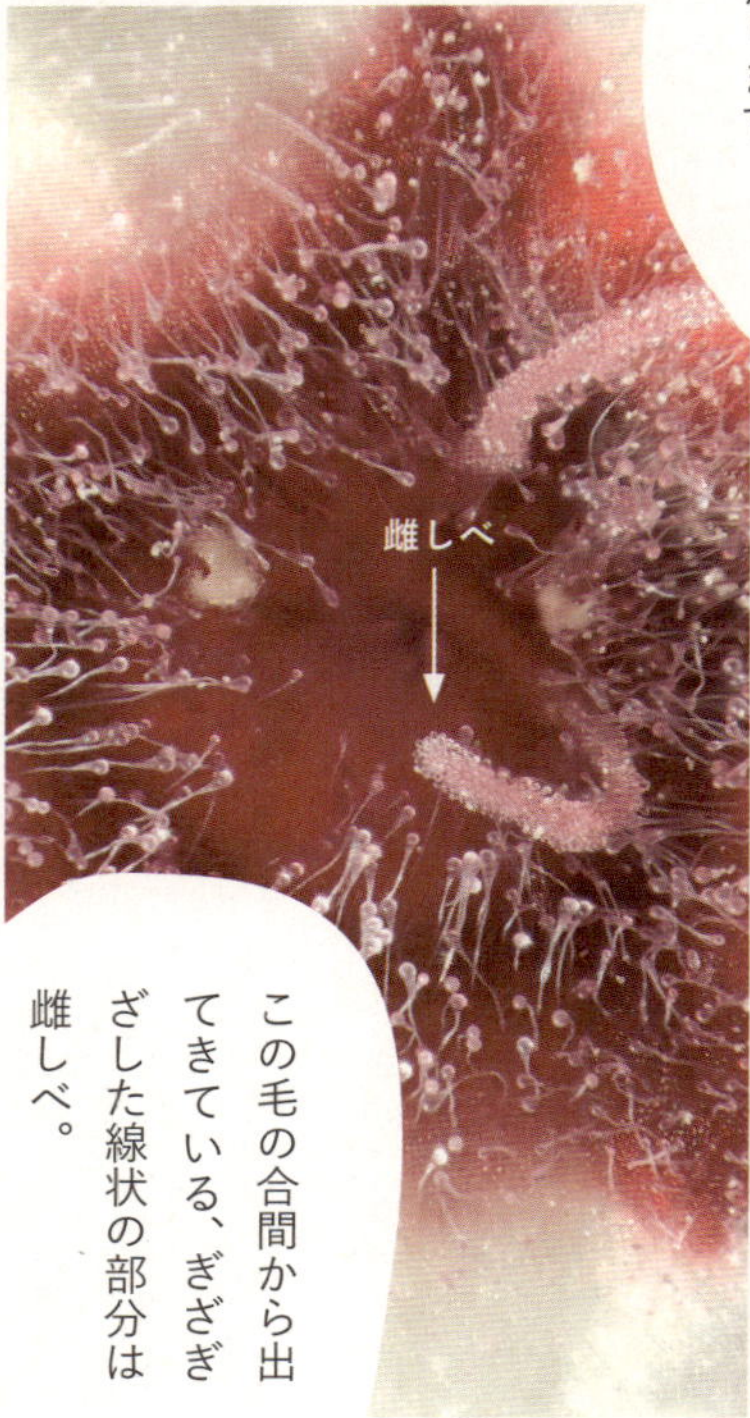


この毛の合間から出てきている、ぎざぎざした線状の部分は雌しべ。

雌しべがあるということは雄しべもあるはずなのですが、こちらはどうにも見当たりません。こんなときは植物観察の奥の手。ひとつお花を失敬して縦に切ってみると

あっ、いた。雄しべだ。なぜか雌しべよりも奥の方にいるみたいです。

それにしても中身も随分と毛むくじゃらだこと。きっとこの赤色で虫をおびき寄せるのだろうけど、きてほしくない虫はこの大量の毛で通せんぼするのかなぁ。

雄しべが奥にあるということは、きっとこの毛をものともせずに花の中に入って行ける虫がいるということだよね。誰なんだろう、それは。そしてその虫は蜜を求めにくるはずだから、花の一番奥からは蜜が出ているのだろうな。

というように直径1㎝ほどの花の中には謎がいっぱい。つくりも複雑だしもしかしてこれ、匂いよりも中身の方が印象的なんじゃないかしら。

# ひらひらリボンがほどけてく

## シナマンサク

| | |
|---|---|
| 科名 | マンサク科 |
| まちで見かける樹高 | ２ｍ～５ｍ |
| まちで見られる時期 | 花は１月～３月 |
| 探しに行くなら | 街路樹、公園 |

シナマンサクには園芸品種や、マンサクとシナマンサクを交配してつくられた品種が多くあります。今回はまとめてシナマンサクとしてご紹介します。

すっかり冬枯れモードのまちの中。
心もからだも冷え切って、あぁもう
このまま春なんて来ないんじゃない
か、と諦めかける2月ころ。

なにかささやかれたような気がして、
目線をふっと上げると

ここだよ、
もう咲いてるよ！

そう救いの神のように
花を見せてくれるのが、
**シナマンサク**です。

日本の自生種のマンサクは野山に行かないと出会うことが出来ませんが、こちらの中国原産のシナマンサクは、まちなかや公園に植えられていることがあるので、身近な場所で見つけるチャンスがあると思います。

どちらも花のつくりは同じようなものですが、シナマンサクの方が全体的に大きく、冬にも枯れた葉っぱが枝に残っていることが特徴。春先に、まんず咲く（まず咲く）のでマンサク、そして中国のマンサクなので、シナ（支那）マンサクと呼ばれています。

助かった……と、冬枯れの寂しさの中、すがる思いでシナマンサクに近づくと

たくさんつぼみがついていました。
つぼみが少しほころぶと、中から黄色いものが見えてきます。
どうやらなにかが詰まっている様子です。
おわっ！なにか出てきた！

そうか分かったぞ。

こうして、ぐぐぐっと
リボンのようなものが
伸びていって
花が完成すると
いうわけだな。

むむ、でも本当に花なのこ
れ？　と急に不安になって
中心部をのぞいてみると

ちゃんと雄しべと雌しべを発見。

やっぱり花でした。

どうして細長い花びらをつけているのかは分かりませんが、こうしてくるくるまいて収納しているのは効率的だなと思います。

片付けが苦手な私としては、収納上手な植物のことは出来れば隠しておきたいところですが、この造形の見事さについつい誰彼構わず紹介したくなってしまいます。

「あと少しで春がくるからもうひと辛抱!」という激励を、まちなかで送ってくれるシナマンサクでした。

探してみよう

# マンサクの仲間

うっかりシナマンサクを見逃しても大丈夫。
4～5月ころになると今度はベニバナトキワマンサクの花が
咲いてくれます。

こちらもよく街路樹として
植えられているので、探し
てみてください。

コラム1

# ただの葉っぱが〝ヒサカキ〟になった日

母校である東京農業大学の造園科には、〝葉っぱテスト〟という試験があった。キャンパス内で見られる樹木180種を、葉の特徴だけで見分けられるようにするというものなのだが、これが1年次の前期の課題で行われるのだからさぁ大変。農大というと、さも自然好きな人間が集まる学校のようなイメージがあるが、現代の農大生はいたって平凡。これまでに植物の名前を知ろうなんて考えたこともない生徒が大半だ。

まずは先生陣が総がかりで、新入生に樹木の名前を教え込んでいく。いくつかのグループに分かれてキャンパス内を歩きながら、植込みの前で立ち止まる。先生はある葉っぱを指さして、「これがヒサカキ」だと言う。私たちには、ただの葉っぱにしか見えない。続いて、その見分け方として「葉の先が尖らずに凹んでいて、ふちがぎざぎざしているのが特徴」と教えてもらう。ところが、どう見ても葉の先が凹んでいるようには見えない。むしろ尖っているじゃないか。先生はなにが面白いのか口元に笑みを浮かべながら、さらに教えてくれる。「全体の形のことじゃなくて、もっと先端の部分」。促されるままにもっと近づいてみる。おぉ、確かにわずかに凹んでいる。とは言っても1㎜にも満たない凹みだ。先生、こんなに小さな話をしていたんですか……と呆れる生徒が多数の中、私は秘かにどうしようもなく感動を覚えていた。違いがあるなんて思ったこともなかった葉っぱに、しっかりと個性があったなんて。目の前にある見慣れた景色が、すっかり新しく塗り替えられるような衝撃だった。先生は次々に樹木の特徴を教えてくれる。葉の縁が波打っているもの、葉脈が平行に通っているもの、半纏《はんてん》のような形をしているもの、ちぎると匂いがするもの。それらひとつひとつを自分で確かめていく作業はとても面白く、知ることの楽しさを実感した。

そして忘れもしないこの日の帰り道、私は通学路でヒサカキを見つけた。しかも探そうとしたわけではなく、ごくごく自然に目についたのだ。生まれて初めての経験に興奮した。なんで今まで見えていなかったのだろう！　よく見ると、名前が分かる植物がほかにもいくつかあった。あっ、ケヤキ！　これはイチョウ、こっちはソメイヨシノだ。それでえぇっとこれは、ちょっと自信ないけど多分アメリカイワナンテン！

後日、高校時代の友人たちとそれぞれの新生活について話をしていたときのこと。皆が華やかで楽しそうなサークルやコンパの話をしている中、「いや、俺は、うん、最近葉っぱを見てるよ……」とぼそっと言う。「ほ、ほらたとえばさ、この樹木。エノキって言うんだけど、葉っぱの下から真ん中くらいまでは葉の縁にぎざぎざが無いでしょう？　それでこの真ん中から上の方にかけてぎざぎざが出てきてさ」と話しだす。その内に不思議とエンジンがかかってきて、「それでさ、ほら表面触ってみて。ざらざらしてるでしょ。なんでかなぁ、面白いよねぇ！」そう熱く語る私を見て、皆はぽかんとしていたけれど、私の顔はきっと笑っていたと思う。そう、ちょうど手ほどきをしてくれた先生と同じように。

# 第2章

# 巧みな技の数々

## 植物の生き方

# 路上のニッチ産業

## ツメクサ

| | |
|---|---|
| 科名 | ナデシコ科 |
| まちで見かける草丈 | 5㎜～3㎝程度で地を這うように |
| まちで見られる時期 | 花は4月～6月 |
| 探しに行くなら | 道ばた、駐車場 |

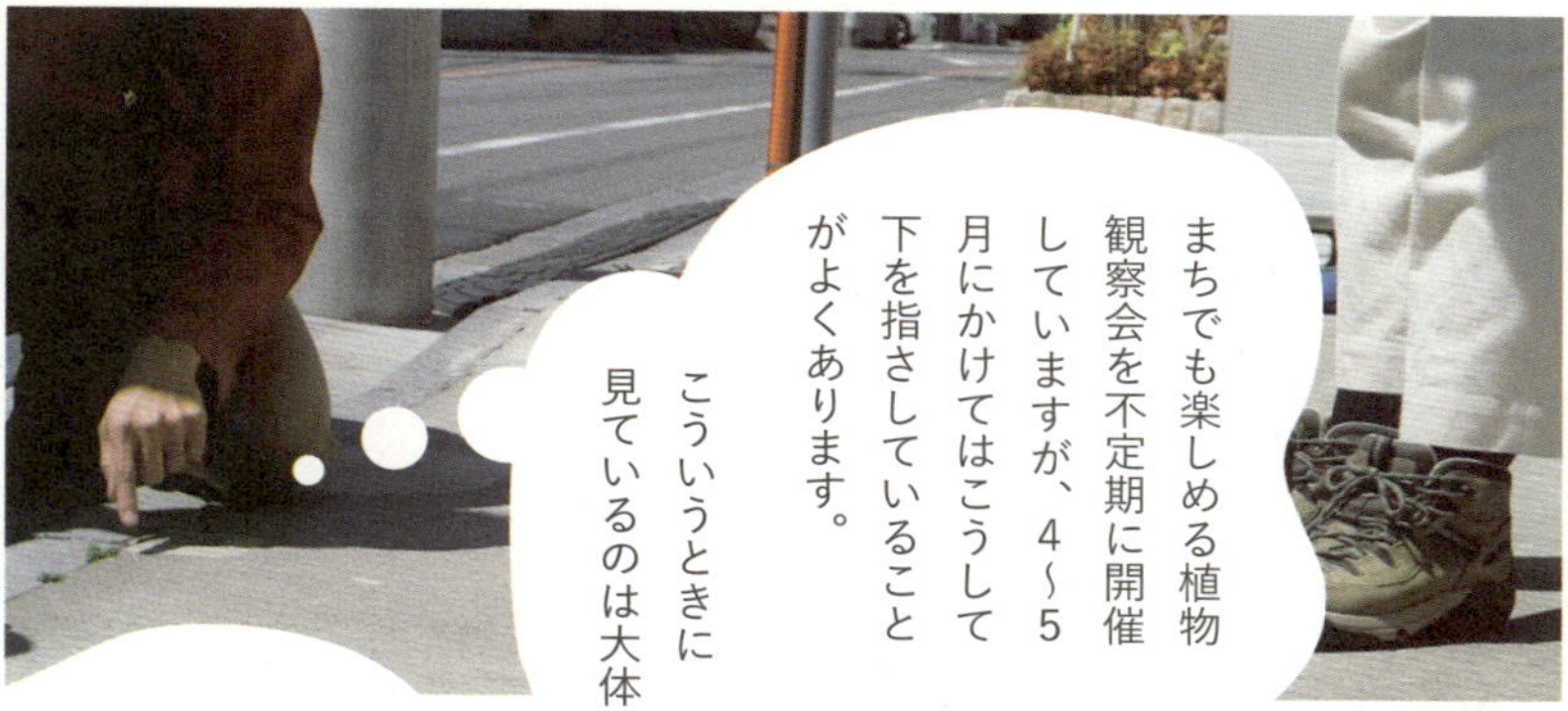

まちでも楽しめる植物観察会を不定期に開催していますが、4～5月にかけてはこうして下を指さしていることがよくあります。

こういうときに見ているのは大体

こんなアスファルトの隙間です。通りを行く方から見れば一体全体なにをやっているんだかという感じですが、これも近寄ってみるとその意味がお分かりいただけると思います。

ぐいっ。まだ遠いか。

これでどうだ。見えますかね。

はい、これでばっちり見えましたね。そうなんです。

――

じつはアスファルトの隙間に可愛らしい花が咲いているんです。詰めたように咲くから、ではなく、葉っぱの形が猛禽《もうきん》の足の爪に似ているから**ツメクサ**と名前がつけられたのだと言われています。それにしてもよく見てますね、昔の人も。

見るからに過酷そうな場所に生えているので、大変だねぇ、こんなところでよく生きているねぇと思ってしまいますが、じつはここ、ツメクサにとっては優良物件なのだとか。

アスファルトやブロックの隙間は意外と水がたまりやすく、その下にはちゃんと土があるので、ツメクサのように隙間で生きられて、かつ人や車に踏まれても大丈夫なように背丈を低くしておける植物にとっては、ここは競合相手の少ないブルー・オーシャン。

それが証拠に、ここの
ツメクサをよく見ると、
こうして実をつけて

種までつくっていますからね。
こんなところで。

ほかのライバルが気付かないニッチな場所で、しっかりその命を育んでいるツメクサ。なんだかビジネスの参考にさえなりそうな存在です。こうして知る人ぞ知る場所で生きる人生、羨ましいなぁ。僕もいつかそんな場所を見つけたいものだよ。

# 虫は食べないけれど

## ムシトリナデシコ

| | |
|---|---|
| 科名 | ナデシコ科 |
| まちで見かける草丈 | 30㎝～60㎝ |
| まちで見られる時期 | 花は5月～6月 |
| 探しに行くなら | 道ばた、駐車場、空き地 |

5～6月にかけて、新緑もひと段落したころに路上に現れるこんな草。
ピンク色が目立つ**ムシトリナデシコ**です。
花そのものが綺麗なので、見かけるとつい近づいてしまいます。
花をアップにしてみると

あらま！　これまた
なかなか個性的。
続いて横からも
見てみましょう。
おや、こちらには茶色い
模様を発見。
なんだろ、
汚れかな。
そう思って触ってみて
びっくり。
べたべただ！

ほら、紙だってくっついた。
じつはこの茶色の部分が、この植物の名前の由来となったところ。
茎のべたべたに虫がくっつくことがあるので、ムシトリ（虫捕り）ナデシコと名づけられたのだと言います。
くっついた!!

面白いのはムシトリナデシコは、捕った虫を食虫植物のように食べるわけではないのだということ。なんと、ただくっつけるだけなのです。ここから先は諸説ありなのですが推測として、花を食べる虫が登ってこられないように、このべたべたで通せんぼしているのではないかということが言われています。

江戸時代に観賞用としてヨーロッパから持ち込まれたとされるムシトリナデシコ。日本のナデシコには見られない工夫を持っているところなど、やはり異文化の発想は面白いな！と思わせられる植物です。

よし、今日もべたべた触って異文化交流だ。

# 葉っぱの中にかくれんぼ

## モミジバスズカケノキ

| | |
|---|---|
| 科名 | スズカケノキ科 |
| まちで見かける樹高 | 10 m～ 20 m |
| まちで見られる時期 | 冬芽は1月～3月、実は11月～2月 |
| 探しに行くなら | 街路樹、公園 |

冬になり、急に寂しくなったまちを歩いていると、ちょっと気になる樹木を発見。すっかり葉を落とした**モミジバスズカケノキ**です。属名のプラタナスと呼んだ方が馴染みがあるかもしれませんね。

あれ、
よく見るとまだ葉っぱが残っているぞ。まったくもう、落とし忘れかな？

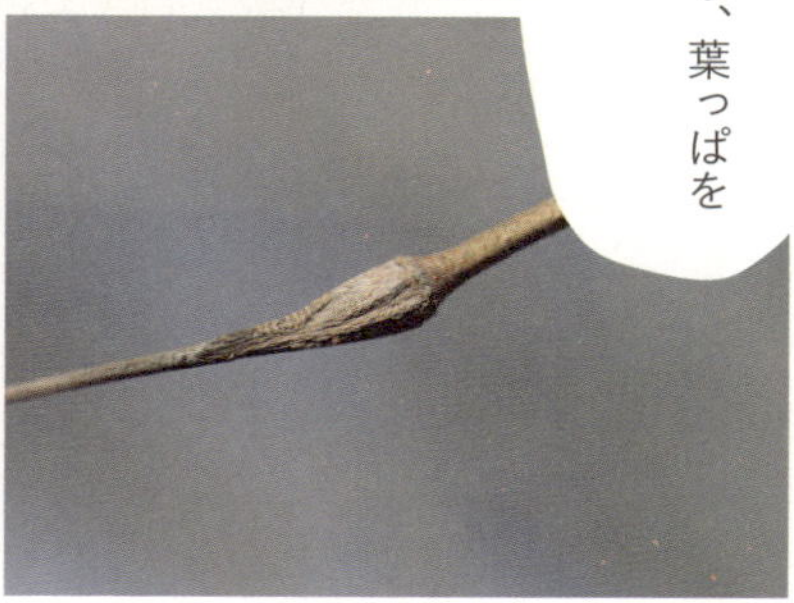
そう思いながら、葉っぱを引っ張ると

おや？

なんと、これは冬芽ではありませんか！
そんなまさか、たまたまかな？と思い、もうひとつ試してみると
どきどき。
葉っぱの付け根に近づきまして
つまんで引っ張ると

ぽこんっ！
やっぱり冬芽が隠されていました。
なんという匠の技でしょうか！
取った葉っぱの付け根はこんな感じ。

この中に冬芽を隠していたのね。あなたは。

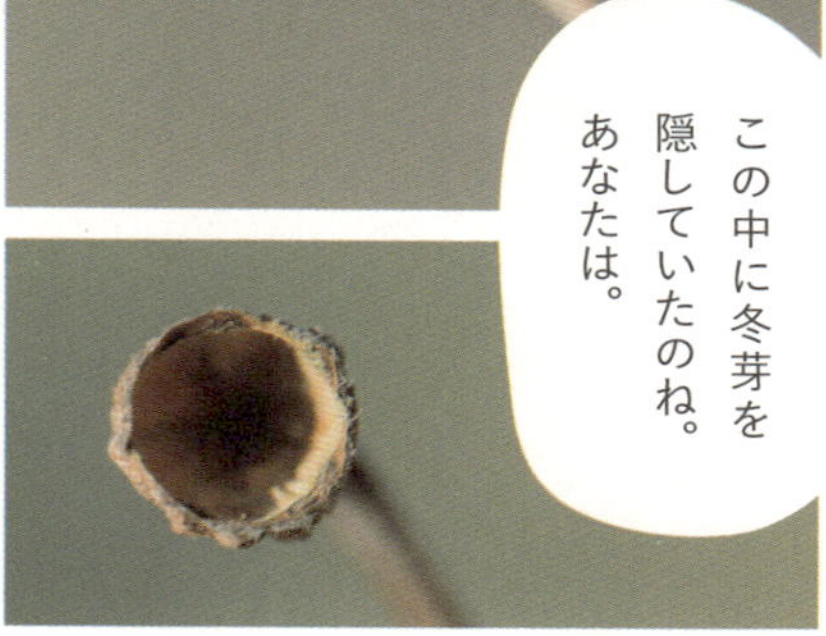

冬芽は、きたる春にそなえて用意しておく葉っぱや花の芽のこと。

寒く乾燥する冬を乗り越えるために、毛でふさふさ包んだり、うろこ状のガードで守ったりと樹木によって様々な工夫を施しています。モミジバスズカケノキの場合は、古い葉っぱの付け根の中に翌春の葉っぱを隠し持つことで、赤ちゃん葉っぱを寒さや乾燥から守るという戦法を使っているというわけなのです。こうしたつくりを葉柄内芽《ようへいないが》と呼びますが、ため息が出るほどよく出来ています。

ところで、この季節はこんなものも一緒に
ぶら下がっているのですが

一体こりゃなんだ？
ということで

ちょっとほぐして
みましょう。

ぐぐっと近づいて
見てみると

おっ、
これはこれは
この中に種が入っている
のですね。毛がたくさん
ついています。

分かったぞ。さて
は種に毛を生やし
て風に乗って遠く
へ行こうと企てて
いるんだな。

冬芽も種も工夫
だらけ。
モミジバスズカケノキ、
技ありっ！

# パイオニアの生き方
## アカメガシワ

| | |
|---|---|
| 科名 | トウダイグサ科 |
| まちで見かける樹高 | 15㎝程度の幼木から、15m級の成木まで |
| まちで見られる時期 | 若葉の赤い毛は4月～5月が見やすいが、それ以降も条件によりチャンスあり。葉の蜜腺《みつせん》は幼木に多い。 |
| 探しに行くなら | 道ばた、駐車場、空き地 |

春から初夏にかけて、
まちを歩くと
ちらちら目に入る
こんな葉っぱ。

赤い芽で柏みたいに大きな葉なので**アカメガシワ**と呼ばれている樹木です。もしかしたら一般的にはあまり知られていないかもしれませんが、じつは空き地やアスファルトの隙間からよく顔を出す、まちなかではお馴染みの樹木です。

遠くから見ると赤い葉っぱに見えますが、ぐっと近づいて見てみると

あれれ??

わぁ、毛だ!
なんという綺麗な星型
の毛なのでしょうか。
ということは、
もしかして……

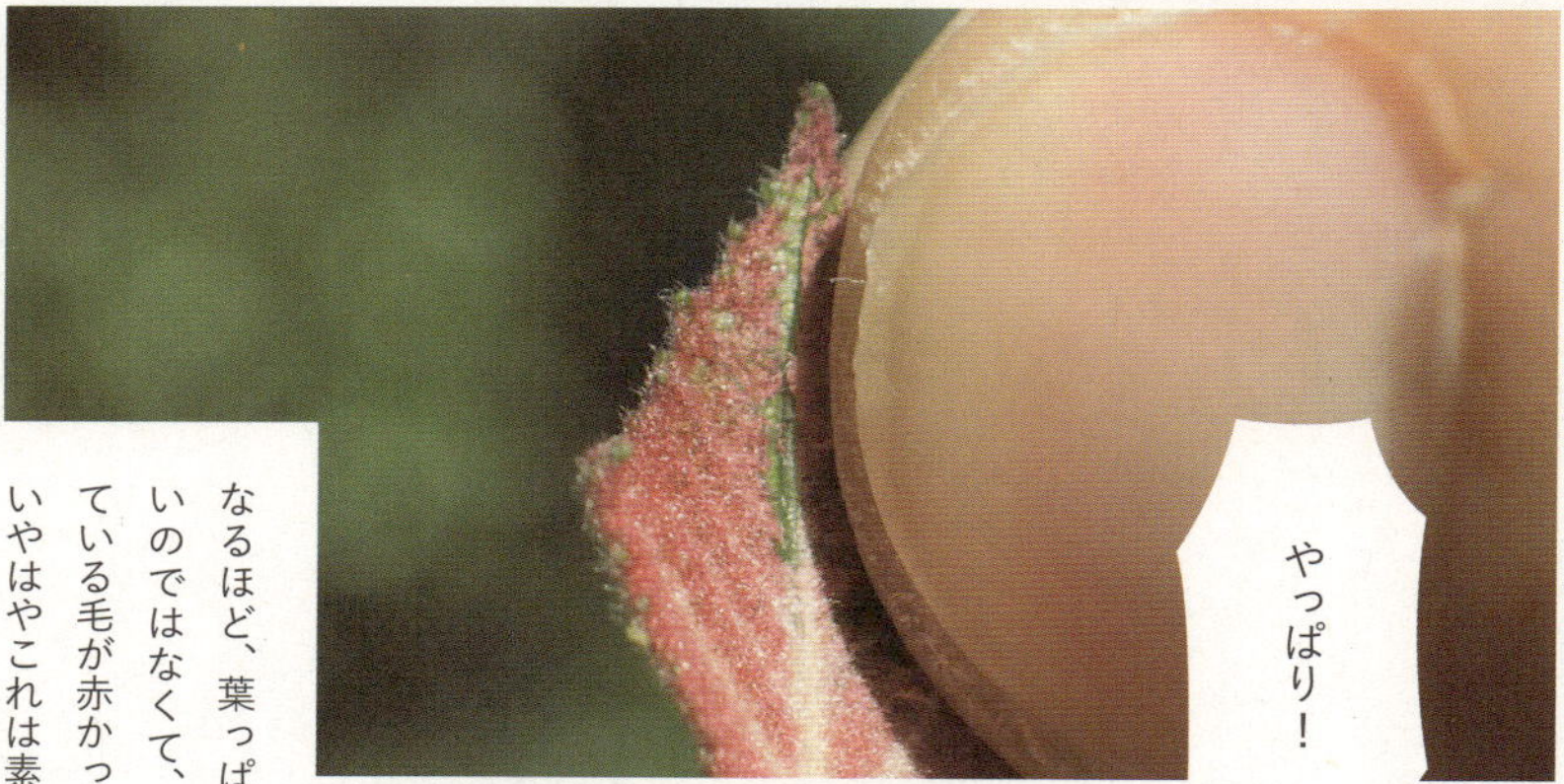
やっぱり！

赤い若芽を指でこすってみると、赤い毛が取れて本来の葉っぱの緑色が出てきました。

なるほど、葉っぱそのものが赤いのではなくて、葉っぱについている毛が赤かったのですね。いやはやこれは素晴らしい造形。

よく出来ているなぁと関心しながら、でもどうしてこんなことになっているのだろう。という疑問が頭をよぎってきます。

よく見ると、アカメガシワの葉っぱが赤く見えるのは、新芽のときか若い葉っぱのときだけ。

じつはこれ、植物の紫外線除けなのではないかと考えられています。

紫外線に弱いのは人間も植物も一緒。人間の場合は日傘や日焼け止めクリームなどを使って紫外線から肌を守ろうと工夫しますが、植物は自分でクリームを塗ったりは出来ないので、自らその身を赤くすることで対策をすることがあります。

アカメガシワの場合は、若い葉っぱの表面を覆う、毛の赤色で紫外線をカット。本来の緑色の未成熟な葉っぱに届く紫外線を、少なくするのが狙いなのではないかと言われています。毛が多ければ虫だって食べにくいかもしれません。

これだけでも十分驚きですが、それでは葉っぱが大きくなったら何の対策もしなくなるのだろうか？　と思い、またまた葉っぱに近づいてみると

おっと、
葉っぱの付け根にアリを発見！

どうもなにかを舐めている
ように見えます。もしかして
甘いものでもあるのかな？

そう、ここにあったのは蜜腺《みっせん》。なんとアカメガシワは葉っぱの付け根から甘い蜜を出していたのです。

アリはこの蜜に誘われて葉っぱの上をうろちょろ動きまわることになりますが、その際にほかの虫が現れると、縄張り意識が強いアリはその外敵を追い払ってくれるのではないかという説があります。

若くは赤い毛で身を守り、大きくなってからはアリと協力体制を築く。なんとよく出来た樹木なのでしょうか。

ところで、冒頭でこの樹木はまちなかではお馴染みと書きましたが、一体どんなところから生えているのかというとこんなアスファルトの隙間からたくましく生えてきたりします。アカメガシワは、植物界のパイオニアと言われていて、たとえば森林の中で大木が倒れたときや、洪水や崖崩れが起きたとき、地中で待ち構えていたアカメガシワが「今だ！」とばかりにすぐさま芽を出してきます。

強い直射日光や吹きさらしの風雨など、植物の生育には困難な環境を、むしろほかのライバルがいないチャンスと捉えて素早く成長するのがアカメガシワの作戦というわけです。

この赤い毛もアリとの協力も、すべては厳しい環境で生きていくための大事な工夫だったということなんですね。アスファルトに覆われた道は、生まれながらのパイオニアであるアカメガシワがその本領を発揮するにはうってつけなのかもしれません。

それにしても、まさか路上でパイオニア魂を勉強させてもらえるとは有り難い限り。今日も勉強になりました。私も頑張ります。とアカメガシワ先輩に頭を下げ、さっと前を向き歩き出す私なのでした。

探してみよう

# 花外蜜腺《かがいみつせん》

花以外の場所から蜜を出す植物は多くあります。
身近な植物で探すと新発見があるかも？

たとえば3～6月にかけて花を咲かせるマメ科植物のカラスノエンドウ（ヤハズエンドウ）では

➡

托葉《たくよう》（葉っぱの付け根に飾りのようについている小さな葉っぱのようなもの）の裏に蜜を発見！ これもアリが舐めにきていました。

# 蝋《ろう》と毛で
# 鉄壁のディフェンス

## シロダモ

| | |
|---|---|
| 科名 | クスノキ科 |
| まちで見かける樹高 | 2m～15m |
| まちで見られる時期 | 新緑は4月。葉っぱは年中。 |
| 探しに行くなら | 稀に公園。少し自然度の高い緑地で見られることが多い。 |

一般的には少々馴染みが少ない植物ですが、まちなかでもよく探せば意外に見つかるこの樹木。

**シロダモ**です。うわぁ地味。むり、こういうの覚えられない！という方へ朗報です。
葉っぱを1枚ぺらっとひっくり返してみてください。

ほら、裏が白いでしょう？

〝葉っぱの裏が白だもん〟で、シロダモと覚えるのが定番。分かりにくいようで分かりやすい結構いいやつです。

冬から春に向けて、金色に輝くかっこいい冬芽を伸ばしていくのですが、
中から葉っぱが出てくると、すっかり別人のよう。
この葉っぱがまたいいんです。見てくださいこれ。

ビロード状に毛が生えて、まるでうさぎの耳のようではありませんか。触り心地がまた最高で、高級な絨毯のよう。いつまでも触っていたくなりますが、この毛は人を喜ばせるためにに生やしているのではなく、シロダモが若い葉っぱを守るためにつけているもの。紫外線対策や、虫の食害から身を守っていると考えられています。

くぅ〜！
可愛い!!

なんとやわらかで美しい
毛並みでしょうか。

面白いついでにもうひとつ。もしお近くでシロダモを見つけることが出来たなら、ぜひ実験してもらいたいことがあります。

小さなお子さんがいるご家庭では、火の取り扱いには十分ご注意ください。

葉っぱを1枚いただいて、下からライターの火であぶってみます。

するとどうでしょう。

火にあぶられた部分が緑色になり、シロダモが〝シロジャナイモン〟に変化しました。

じつはシロダモは、その種子の中に含まれる油から蝋《ろう》を抽出し、和蝋燭《わろうそく》の原料として使われていた樹木で、葉の裏の白も、蝋質で出来ているのだと言います。そのため、こうして火であぶったりあたためたりすると、蝋が溶けてもとの葉の緑色が出てくるというわけです。

新緑のときは毛でふさふさにして身を守り、大きくなったら蝋でコーティングするというのがシロダモの作戦。

地味だけど鉄壁のディフェンス。
よし、これだけ楽しませてもらったからもう忘れないぞ。

探してみよう

# シロダモの実を見つけに行こう

←
シロダモは、10月ころに赤い実をつけることも特徴です。葉っぱは少し地味ですが、この時期だけはちょっぴり華やかになります。

➡
また、野山に行くとごく稀に黄色い実ばかりをつけているシロダモに出会えることがあります。これをキミノシロダモと呼ぶことがあります。出会うことが出来たらラッキー！

# 名前を知ると、お友達になれる

植物には名前がある。とは言っても「わたしはケヤキです」と植物が教えてくれるわけではない。理由があって、昔の人がその名前をつけたのである。正確には分かっていないことも多いが、植物の名前の由来を調べていくと、昔の人がどのようにその植物に親しんでいたのかが垣間見えてきて面白い。

たとえば、まちなかでもよく見るハゼランという草は、爆《は》ぜたように花が咲く様子を見て、その名前がつけられたと言われている。しかし、このハゼランにはほかにも多くの名前がついている。花火が打ち上がる様にたとえてハナビグサと呼んだり、実がついた様子が待ち針に似ているのでマチバリソウと言われることもある。さらにこの花は、午後3時になると咲くという面白い性質があるので、サンジカと呼ぶ人もいる。同じ植物を見ても、どこに注目するのかでその名前が変わるのは面白い。ちなみにオシロイバナは夕方4時ころから花を咲かせるので、ヨジカと呼ばれることもあり少々ややこしいなと思うこともある。

草の中には、ナズナやヨメナのように、名前の最後にナ（菜）がつくものがある。これは、野山で食べられる草に分かりやすく○○ナと名前をつけて、毒草と間違えないようにしていたのではないかという説がある。なるほど名前を覚えることは本当に重要で、生活に必要な情報でもあったのだ。

かと思うと、がくっと脱力してしまうような名前もある。たとえばハキダメギク。

ハキダメは漢字で書くと、掃き溜め。要するにごみ捨て場のことである。世田谷の掃き溜め場で発見されたため、ハキダメギクという名前になったという。なんともかわいそうな気持ちになってくるが、図鑑にもしっかりこの名前で載っている。

名前を知ることによってそこの樹木が〝ケヤキ〟となり、そこの草が〝ハゼラン〟となったとき、世界はお友達だらけになる。道を歩くだけで十分楽しい。さぁ今日もいざ行かん、半径100mに暮らすお友達に会いに！

第3章

# 多種多様な受粉方法

植物の子孫の残し方

# ひとつの花で性転換？

## タチアオイ

| | |
|---|---|
| 科名 | アオイ科 |
| まちで見かける草丈 | 1m〜2m |
| まちで見られる時期 | 花は6月〜7月 |
| 探しに行くなら | 道ばた、駐車場、空き地、公園 |

この花のつぼみが立ち上がってくると、あぁそろそろ梅雨入りだなぁと思う植物といえば、

華やかに咲く**タチアオイ**です。早ければ5月下旬から咲き始め、梅雨の終わりころには咲き終わるので、ツユアオイと呼ばれることもあります。結構いろいろなところに種が飛んでいるみたいで、こうしたなんということもない、まちかどに生えていたりします。

しとしと雨が続く空とにらめっこしながら、自分の家の近くでタチアオイが咲いている場所を確認しておき、晴れた瞬間にいざっ！　とカメラかルーペを持って家を飛び出します。

短く貴重な晴れ間なので、いきなり花のアップに注目。

それでは早速問題です。

今、花の中心から見えている部分は雄しべでしょうか、雌しべでしょうか。

正解は……
雄しべがたくさん集まったもの
でした！

ほら、雄しべの下になにか
小さな粒々が落ちている
のが見えますか？
これが花粉です。

それでは続いて、この写真だとどうでしょう。雄しべの状態からしばらく経つと……

真ん中から糸みたいなものがたくさん出てきています。

これが雌しべです。

なるほど、タチアオイの花は動かないようでいて、じつは雄と雌のタイミングをずらしているらしいぞ……ということが分かったところで、当然出てくるのがどうして？ という疑問だと思います。

これは、難しい言葉を使うと雌雄《しゅう》異熟《いじゅく》と言われるもので、ひとつの花の中で雄しべと雌しべが熟すタイミングをわざとずらし、同じ花の中で受粉をしないようにする仕組みのことを言います。

タチアオイの場合は、まず雄しべが熟し、花粉を出します。このときは雌しべが出ていないので、自分の花粉が自分の雌しべにくっつくことはありません。

しばらくすると、その雄しべの中心から、なにやら別の線が伸びてきます。

ぐぐっと伸びて広がる、まるで赤い光ファイバー。これが雌しべです。前ページの写真の雌しべの色は白かったのに、こちらは赤。こうして個体によって花びらや雌しべが様々な色をしているのもタチアオイの魅力のひとつです。

このときに、こうして虫がほかの花の花粉を持ってきてくれると、見事に受粉が完了するというわけです。

植物も、その遺伝的多様性を保つために、出来ればほかの個体と受粉をしたいと考えているわけですが、いかんせん自ら動くことが出来ません。そこで、雄と雌のタイミングをずらす方法を取り、あとは虫にお願いしてほかの個体と受粉をするようにしたというわけです。これまたすごい作戦！　ですが、じつはこうした方法を取る植物は珍しいわけではなく、オオバコやヤツデ、キキョウなどでも見ることが出来ます。

散歩をしながら、この花の雌雄はどうなっているんだろう？　と観察してみるのも面白いかもしれませんね。

探してみよう

## 雌雄異熟《しゆういじゅく》のなかまたち

オオバコは先に雌性期《しせいき》（メスのとき）がきて、そのあとに雄性期《ゆうせいき》（オスのとき）がくるという順番で、ヤツデは先に雄性期がきて、そのあとに雌性期がきます。

### オオバコ

オオバコ全形

→

オオバコ雌性期

→

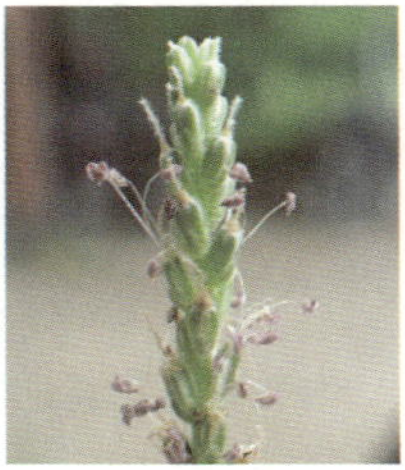
オオバコ雄性期

### ヤツデ

ヤツデの花

→

ヤツデ雄性期

→

ヤツデ雌性期

# 小さくても立派な花粉塊《かふんかい》

## ネジバナ

虫の気持ちになって、花の中にお邪魔してみよう

| | |
|---|---|
| 科名 | ラン科 |
| まちで見かける草丈 | 10㎝～15㎝ |
| まちで見られる時期 | 花は6月～7月 |
| 探しに行くなら | 空き地、公園 |

6月を過ぎたころになると、いつもより念入りにあたりをきょろきょろするようになります。そろそろでしょ。そろそろ出てくるよね。

ほら出た！
今年も咲きましたよ！
やっほー!!

**ネジバナ**です。

ランというと、一般的には胡蝶蘭やカトレア、シンビジウムのように派手で大きな花という印象を持っている方が多いのではないかと思います。

野生で見る機会も少ないというイメージがありますが、それをいい意味で壊してくれるのが、このネジバナなんです。

およそ15㎝ほどの草丈で、花ひとつは1㎝にも満たないほどの小ささ。

しかもこれが全国の身近な空き地や公園に生えているので、ランと聞いて思い描く姿とは少し異なるのではないでしょうか。

この時期になるとネジバナ探しに夢中になる私ですが、経験上その気になって探せばどのまちでも見つかるほど、身近に咲くランの花です。

⬆アップで見ると、ラン科の花の特徴である、唇弁《しんべん》（一番下の白い花びらで、ちょっと変わった形をした部分）がよく見えます。

⬆こちらは横から見たところ。

こんなに綺麗な花がなんでもない道ばたに生えているのだから、見つけたときにはとても有り難い気持ちになります。

有り難や有り難や〜と、両手を合わせて拝んだら、お次は植物実験へ。

ネジバナの蜜を吸いにきた虫の気持ちになって、
花に棒をつっこむと……

ぽこんっ
となにやら黄色いものがついてきました！

これは花粉塊《かふんかい》といって、小さな花粉が集まり固まっているもの。粘着性があるため、ネジバナの蜜を吸いにきた虫にぺたりとくっつきます。花粉塊をつけた虫は、また別の花の蜜を吸う際に、知らずの内に受粉のお手伝いをするという仕組みになっているわけですね。ネジバナもよく出来たつくりだこと。

ちなみに、花粉塊を持つことは、ラン科の花の特徴のひとつなので、やっぱりランだったんだ、と納得することが出来ます。

今回ネジバナを見つけたのは、
この道路の緑地帯。

両脇を車が通り過ぎていく度に、あぁもったいない、ここにネジバナが咲いていますよ～!! と心の中で叫びながら、花に棒をつっこんでいる私です。

# 花粉のネックレスが素敵でしょ

## ヒルザキツキミソウ

| | |
|---|---|
| 科名 | アカバナ科 |
| まちで見かける草丈 | 15㎝～50㎝ |
| まちで見られる時期 | 花は5月～7月 |
| 探しに行くなら | 道ばた、空き地、公園 |

咲き始めが白く、咲き終わるにつれて桃色になるのがヒルザキツキミソウで、咲き始めから桃色をしているものをモモイロヒルザキツキミソウと分ける場合がありますが、今回はまとめてヒルザキツキミソウとしてご紹介します。

5月に入ったころ、まちのあちこちで通りを彩ってくれる花といえば

5㎝ほどの大きさの花をたくさん咲かせる**ヒルザキツキミソウ**。道ばたに咲く花としては比較的大きめですが、適度に淡い色合いなので、まちの風景を邪魔せずに飾ってくれる素敵な花です。

花そのものを近くで見ても、ほら、なかなかいいじゃないですか。

いい花なので、もうひとつ見てみましょう。

あれ、なにか違うように見えるけれど、どこが違うのだろう。

ここか！
ここが違うんだ。
この黄色い花粉がついた雄しべの部分。

ほら、こっちの花は花粉が飛び出てる。なんだか面白い花粉の出方をしていますね。

ちょっとそこらの棒で、まだ花粉が出ていない雄しべをつついてみると、花粉がずるずるっと伸びてきました。

小さな花粉が糸のようなものにくっついて連なって出てきているという方が正確でしょうか。

なかなかユニークなつくりだなと思い、それでは雌しべはどうなっているのだろうかとのぞいてみると、さきほどの花粉がごちゃごちゃになったまま雌しべにくっついていました。

どうも粘着性もあるように見えます。

これで納得。ヒルザキツキミソウは糸状に花粉を連ねて出して虫にぴたっと張りつけ、そのまま雌しべへと花粉が運ばれるのを待つという作戦を取っているようです。これまたお上手！

ちなみにヒルザキツキミソウは、マツヨイグサ（待宵草）のなかまで、このなかまは皆同じような花粉のつくりをしています。ほとんどがその名の通り夜に咲く花なので、昼に咲いてくれるヒルザキツキミソウは観察には有り難い存在。

今日も一礼、新たな驚きをありがとうございました！

# 用意周到な
# 二段構えの技

## ツユクサ

| | |
|---|---|
| 科名 | ツユクサ科 |
| まちで見かける草丈 | 15㎝～60㎝ |
| まちで見られる時期 | 花は6月～9月 |
| 探しに行くなら | 道ばた、空き地、公園 |

昼過ぎの公園で
1枚ぱちり。
これは一体なんで
しょうか。

正解は、小さい子もよく知っている**ツユクサ**……の昼過ぎの姿でした！

ツユクサは早朝に咲き、昼過ぎにはしぼんでしまう儚い一日花。朝は忙しいからあとで見ようなんて思っていると、いつの間にかこんな姿になっているので、意外としっかり見る機会が少ない植物だと思います。そういう植物にかぎって、細かく見てみるととっても面白いんです。

これが、朝8時ころにツユクサを斜め横から見たところ。さて、この写真の中で、どれが雄しべでどれが雌しべでしょうか？ と聞かれたら、これがまた意外なことに答えるのが難しい。

というのも、花をのぞくとなんだかいろいろな形をしたものが、たくさんついているからです。

まずは先っぽの部分から。真ん中で一番長く、先端だけピンク色のものが雌しべ。そして、その両側の花粉がついた部分が雄しべ。

雄しべにはこれくらいびっしり花粉がついているときがあるので、ここの部分は見分けるのが簡単です。

さて、難しいのはここから。

真ん中にあるものを正面から見ると、π字形をした物体がついています。

アップにしてもなんなのかよく分かりませんが、π字形の脇にある、少し色が濃いオレンジの小さな塊。これが花粉なので、この変ちくりんな形をした部分も雄しべということになります。

ただし、この小さな花粉には交配能力がないと言われているので、仮雄しべという表現で呼ばれています。

そして、π字形の仮雄しべの下にあるのが、V字〜Y字形のもの。

ここからも花粉が出ているので、これもどうやら雄しべのよう。調べてみると、これには交配能力があるようです。

D

ということで、上から順番に、
交配能力はないけれど目立つπ字の仮雄しべが三つ、C
その下に交配能力のあるY字の雄しべがひとつ、D
そしてさらにその下に、交配能力のある雄しべが二つと、B
真ん中に雌しべがひとつ。A
というのがツユクサのつくりです。

こうして改めて真正面から見てみると、交配能力のある雄しべよりも、交配能力のない仮雄しべの方が目立っているように見えます。

交配能力のある雄しべが活躍しないとマズイんじゃないかしら……と勝手に心配になりますが、なんとなんと、これこそがツユクサの作戦なのだと言います。どういうことかというと

❶花の中心で目立っているπ字の仮雄しべに、虫がつられてくる。

❷ちょうど虫のお腹や足のあたりに交配能力のある雄しべが触れる。

❸虫に花粉がくっつき、知らぬ内に別の花へ花粉を運ぶ手伝いをさせられる。

というのがツユクサの戦法というわけです。つまりπ字の仮雄しべは受粉用ではなく、虫へのアピール用なのではないかと考えられているのです。むむむ。これまたあなどれませんねぇ……なんてことでは終わらないこの話。まだもう少し続きます。可愛いらしい見た目と違ってなにかと計算高いツユクサは、朝と昼でも違う顔を見せています。

これが昼前の様子。
朝との違いが見えるでしょうか。

横からも見てみましょう。
これで分かるとおり、朝は真っ直ぐに伸びていた2本の雄しべと雌しべがくるくるっと根元に向かって丸まっています。

ここで注目。真ん中の雌しべの柱頭に、花粉がついているのが見えるでしょうか。
そうなんです、ツユクサは昼になると雄しべと雌しべをくるくる丸めて、自分の花粉を自分の柱頭にくっつけて受粉をするのだそうです。

あれ？ でもちょっと待って。さっきはほかの花と受粉をするためにいろいろ作戦を立てているって言ってなかったっけ？

そう思った方、そうですそうです。それもその通りなんです。要するに、ツユクサは朝と昼で受粉の手段を使い分けているのです。朝は虫による受粉でほかの花との交配を狙い、もしそれが成功しなければ、くるくる丸めて自分の花の中で受粉をしようという二段構え。なんとまぁ用心深いこと！

思わず感心してしまいますが、よく考えてみればそれもそのはず。ツユクサの花の命は早朝から昼までのほんの一時。この間に受粉を成功させないといけないので、こうして様々な工夫を凝らしてそなえているんですね。相手が見つからなくても大丈夫。道はひとつではないのです。

# 虫にデコピン？

## アメリカシャクナゲ

| | |
|---|---|
| 科名 | ツツジ科 |
| まちで見かける樹高 | １ｍ～３ｍ |
| まちで見られる時期 | 花は４月～６月 |
| 探しに行くなら | 庭木 |

お昼休みにランチへ行こうとまちを歩いていると
あっ、なんだもう咲き始めてるのか！　と**アメリカシャクナゲ**を発見してしまいました。

この花、面白いんだよね〜
つぼみが。

ねぇねぇ、金平糖みたいで可愛いでしょう。

あぁ美味しそう。お腹空いたなぁ……と思っても、葉が有毒なので決して口にしないようにしてください。お昼ごはんも食べたいけれど、この花は咲き始めが面白いから、ちょっと先に見てしまおう。

開きかけの花がこちら。

この状態も可愛いです。

そしてこれが全開の様子。

どうして今、食事よりも先にこの花を見ておきたかったのかというと、雄しべの部分で遊んでみたくなってしまったからなんです。

ここに雄しべがたくさんありますが、それぞれの雄しべの先端が花びらに埋まっているのが見えるでしょうか。

先端が花びらにめり込んで、その裏の部分がぽこっと出っ張っています。変なつくりですね。

棒を取り出して、ちょちょっと雄しべに触れてみると

ぱちんっとはじけて雄しべが中心にくるっと巻いていきます。

けっこう速いです。デコピンするときみたいな感じでぱんっと動きます。

調子にのって全部はじけさせた様子がこれ。

これは、虫がアメリカシャクナゲの花を訪れて雄しべに触れたときに、すばやくぱちんっと丸まって花粉をくっつけようとする作戦なのではないかと考えられています。今回は人間の私にむりやり仕組みをとかれてしまいましたが、本当によくはじけるので自然界では有効な作戦なのだろうなと思います。なにげない場所で見つける植物の不思議。あぁこれで今日はお腹いっぱいです。

コラム3

# DNAの塩基配列に基づく新分類が始まった

## ～見た目だけでは分かりにくい進化の流れとは～

本書でご紹介している植物の扉ページに、〝科〟を記載している。科は似た植物をまとめてグルーピングしてくれるものなので、植物図鑑を引く際に目次として使われたり、似たなかまの植物がなにかをぱっと思い浮かべることが出来るため、慣れれば非常に有用で有り難いものである。

しかし、この本を注意深く読んでいただいている方はお気付きかと思うが、〇〇科の隣に、〝旧〇〇科〟と、なんとも歯切れ悪く記載したものがある。これは一体なんなのか？ 気になる方もいらっしゃるかと思うので、ここで簡単に説明する。

これまで日本では、ドイツのエングラー

さんが提唱したものをもとに改良された〝新エングラー体系〟か、アメリカのクロンキストさんの〝クロンキスト体系〟というものを植物の分類に使ってきたのだが、ここに新たに〝APG〟という分類体系がやってきた。これまでの新エングラー体系やクロンキスト体系は、見た目で花の形態を調べ、そこから推測される進化の道筋にそって、同じような形や一定の法則に合った花を、同じ科や属にまとめて整理していくという方法を取っていた。しかし時代が変わり、現在ではDNAの塩基配列を解析することにより、植物の進化の流れをより客観的に推測することが出来るようになった。これが〝APG分類体系〟である。

ここまで読んで、ちょっとついていけないな……と思った方は簡単に、これまでは見た目でなかまを分けていたが、これからはDNAの解析によってなかま分けがされるようになったと理解してもらえれば、ひとまず大丈夫だと思う。

APG分類体系により、植物が従来の科から別の科へ移動した場合、科そのものが消えてしまったり、新しい科が登場したりというように、分類の改変が行われている。たとえば、野山を彩るヤマユリやユウスゲなどの花は、旧分類では同じユリ科に属していたが、新分類ではヤマユリはユリ科のままに、ユウスゲはワスレグサ科（ススキノキ科とする見解もある）に移動になったと言う。これらの花のつくりは互いに似ているので、この変更には驚いた。

まだこのことがどのような意味を持つのか、一般の人が分かりやすく理解できる状況ではないが、見た目では分かりにくい進化の流れがあるということは興味深いことだと感じる。

植物の進化にはまだ多くの謎が残されている。一番原始的な植物はなにか。木と草は互いにどのように進化してきたのか……。そうした植物の来し方を理解することは、どこかで必ず私たち自身や生命そのものを理解することにもつながっていく。そう思うと、難しく感じてしまう新分類体系だが、その今後が楽しみだという気持ちが湧いてくる。

第4章

# 人知れず咲く、まちのお花を探しに

植物の隠れた花

# 葉っぱの上に花が咲く

## ナギイカダ

| | |
|---|---|
| 科名 | キジカクシ科（旧ユリ科） |
| まちで見かける樹高 | 50㎝～1ｍ |
| まちで見られる時期 | 花は３月～５月 |
| 探しに行くなら | 庭木 |

あっこここにいい花がある！　とか、
この葉っぱの写真撮っておこーと、
まちをふらふら歩いていると、

いてっ！
なんだこれ！

と、お留守の足もとで植物の襲撃にあうことがあります。

なんだよもう～と視線を下げるとそこにはとげとげの**ナギイカダ**。

葉っぱの先端が鋭くて痛いんだこれが。

このっ！　刺されたら撮り返す！　とばしゃばしゃ写真を撮っていたところ、あれ、なにかが見えるな。と気が付いてしまったので、とげとげに額を刺されながら近づいていくと

いたたたっ！
おっとこの小さいのは
もしかして……？

まちがいありません。
花でした。

凄い！　葉っぱの上に咲く花！　植物面白い！　なんなのこれ??　と、驚きと疑問が同時に押し寄せてきたので冷静になって見てみると、ほかにもたくさん花が咲いていました。

この部分だけが特別なのではなくて、どの花も葉っぱの上に咲いている模様です。

先に種明かしをしてしまうと、じつはこのナギイカダの花が咲いている場所は、葉っぱではなくて枝なのだと考えられているそうです。

葉っぱではなくて枝か。
なるほどな。
……いやいやいや！
意味分かんない。
どういうこと⁇

と答えを聞いても納得出来ないのがこの植物の厄介なところ。じゃあ本当の葉っぱは？　というと、これは退化してしまってほぼ見えなくなっているのだとか。

ここら辺のことは追及するとどんどん迷宮入りしていくので、植物の世界ではそういうことも起きるんだなぁくらいに済ませておくのが、幸せに生きるコツだと思います（もちろん研究は大事です）。

なので、ここではとにかく葉っぱに見えるけど枝なんだとご納得いただければ幸いです。

これが枝だって言うなら、花が咲くのも不思議ではありません。分かったような分からないような話ですが、一筋縄ではいかない植物の面白さを感じることが出来ます。

こんな植物見たことないよーと言う方もいらっしゃるかもしれませんが、ナギイカダは花のあとにつける赤い実が可愛らしいため、鑑賞用に植えられたり、このとげとげを活かして侵入防止のための植木として植えられてきた樹木です。

最近はあまり流行っていないみたいですが、その名残りが案外まちなかに残っているので、もし足もとをぷすっと刺されたらこの花を探してみてください。

探してみよう

# ほかにもある
# 葉っぱの上に咲く花

日本の山地に自生するハナイカダも、葉っぱの上に花が咲きます。
こちらは、本当は長い花の軸が、葉っぱの主脈とくっついてしまったために、葉っぱの上に花が咲いているように見えるのだと考えられています。

花は4～5月ころに咲き、7～8月ころに黒い実をつけます。

# そっちじゃなくて、こっちが花

## ヤマボウシ と ハナミズキ

| | |
|---|---|
| 科名 | どちらもミズキ科 |
| まちで見かける樹高 | 2m～5m |
| まちで見られる時期 | ヤマボウシの花は5月～6月、<br>ハナミズキの花は4月中下旬～5月上旬 |
| 探しに行くなら | 街路樹、公園、庭木 |

楽しかった春が終わりを告げ、徐々に季節が夏へと変わっていくことを教えてくれる花。

それが**ヤマボウシ**。

公園などによく植えられているので、目にする機会も多いと思います。

なんだか風車が並んでいるようで涼し気です。単純に綺麗な花なのでそのまま楽しめばいいのですが、ちょっと近づいてみたくなりました。

……えっ！
なんだこれ!!!

少し落ち着いて一回離れてみよう。

これだよな、
花は……。
よし、
もう一度近づくぞ。

……!!!
なんということでしょうか
この造形は。

これは一体全体どういうことなのかしら。
なんなのこれ??

解説をすると、じつはヤマボウシのこの白い部分は花びらではなくて、苞葉《ほうよう》（総苞片《そうほうへん》）と呼ばれる葉っぱが白く変化したものなのだとか。

それでは花はどこにあるの？　というと、それがこの苞葉の真ん中にある球体の部分。

息を落ち着けて冷静に見てみると、花がたくさん咲いているのが見えてきます。花びらが4枚、雄しべが4本、真ん中に雌しべもしっかり1本あります。

ははぁ、こっちが花だったとは。なんと不思議なつくりをしているのでしょうか。

これがつぼみ。

土偶の目がたくさんついているみたいですね。これは面白いぞ！　と、興奮しながら思い出しました。そういえば**ハナミズキ**も同じような花をしていたよな。

ハナミズキの原種は白色ですが、ピンク色に改良された品種も多く植えられているので、白とピンクの両方ともまちなかで見ることが出来ます。

それがこの花。
ちょっとヤマボウシに似ていますね。

こちらはヤマボウシの花よりも1か月ほど早く、新緑真っ盛りの4月中下旬から5月ころに花を咲かせるもので、大変美しい姿を見せてくれる樹木です。

じつはこの花も、ピンク色の部分は花びらではなく葉っぱが変化して出来た苞葉なのだそうです。その証拠に中心部に近寄ってみると

やっぱり花がたくさん咲いていました。黄緑色の花びらが4枚と、雄しべが4本、真ん中から雌しべが1本あり、小さくても立派なお花です。

ヤマボウシもハナミズキも、この地味な花を目立たせるために、外側の葉っぱを白やピンクに変えて、花全体を目立たせる作戦を用いているというわけなんですね。

えっ、でもはじめから花を大きくすればいいんじゃないの？　という疑問には、これが進化の妙なんです。ということでどうかご納得いただきお楽しみいただければと思います。

人も植物もぱっと見の印象で決めつけてはいけないですね。華やかそうに見えて、その素顔はこんなに素朴だったなんて。まったくもう、だまされたよあなた達には。

くらべてみよう

## 花の違いを見てみよう

ヤマボウシ

ハナミズキ

どちらもミズキ科で、同じような花のつくりをしているヤマボウシとハナミズキ。写真を並べてみると違いがよく分かります。花びら……ではなく苞葉の先が尖るのがヤマボウシで、凹むのがハナミズキです。

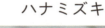

# 夜の秘かな
# ドレスアップ
## カラスウリ

| | |
|---|---|
| 科名 | ウリ科 |
| まちで見かける草丈 | つる性（つるが伸びていくところまで） |
| まちで見られる時期 | 花は7月下旬〜9月上旬 |
| 探しに行くなら | 道ばた、空き地 |

毎年見ているにも関わらず、いつも初めて見たかのように驚いてしまう植物がこちら。

今年もレース状の花びらをひらひらさせて咲きました。**カラスウリ**です。暗い背景の写真なので想像がつくかと思いますが、この花は夜に咲くのが特徴。

どうでしょうこの圧倒的な存在感。植物のつくりというのは本当に面白いものです。

咲いた状態の花ももちろんいいのですが、この花は開く過程がまた魅力的。

ぜひとも時間経過を観察していただきたいと思います。

ということでまずは下準備。夜になってしまうと探しにくいので、昼間の内にこういう葉っぱをしたツル植物を見つけておきます。

これを目印にあたりを探してみると、

花のつぼみを見つけることが出来ます。これが見つかったらもうこっちのもの。はやる気持ちを抑えて夕暮れまで待ち、改めてこの場所にきてみてください。

18：30

あと20分ほどで日没、あたりがだんだん暗くなっていくころ（この花は7月下旬撮影）、つぼみが少しほころんで、中からレース状の花びらが出てきます。

18：45
つぼみの真ん中から外側へ向けて、順番に花びらが開いていきます。

横から。この状況もなんだか神秘的です。ロマンですねぇ。

19：00
もうほとんど開いている状態。あとはレースが伸びれば完成というところ。

19：30
つぼみが開き始めてからちょうど1時間。あたりがすっかり暗くなったころに満開となりました。開く途中も開いたあとも素晴らしく美しいので、夏の夜の観察には絶好の植物だと思います。
ちなみに、このカラスウリは1日でしぼむ一日花なので

開くときは器用なのに、閉じるときは花びらが余ってしまうのがなんとも愛らしいではありませんか。

こんなに見る者を楽しませてくれる花が、人知れずまちなかで咲いていていいのかしらなんて思ってしまいますが、別にそれでいいんです。

カラスウリは、スズメガ（夜に活動する大きな蛾で、蝶のように長い口を持つ）のためにその花を咲かせ、蜜を提供する代わりに花粉を運んでもらう作戦を取っているので、人間に見られようが見られまいがどちらでもいいんですね。

私たちとしては少し寂しい気持ちもしますが、それでもなおどうしてわざわざこんな恰好をしているのかしら？　この白のひらひらはなんのため？　というお節介な疑問を持ってしまいます。これについては様々な見解が出ていて、主な説をまとめると

- 花びらを省エネした説
- 夜でも目立つように白のレースをつけた説
- 花びらをレース状にすることで、スズメガ以外の虫が花を訪ねることが出来ないようにしている説（スズメガは空中でホバリングし、花に止まらずに蜜を吸うことが出来る）

などが言われています。

どれもうんうんそうかもなぁと思うものばかりですが、これも人間が勝手に想像しているに過ぎないことなので、本当の答えはカラスウリだけが知っていること。いや、私たちが自分のことを完全には理解できないように、カラスウリにも分からないことなのかもしれません。

こういうことを書くと、なんとも心許ないようですが、分からないということも植物の面白さのひとつだと思います。

夏の夜に生命の謎を考える。なんともロマンティックでいいではありませんか。

探してみよう

## 夏の夕方から夜に咲く花
## オシロイバナ

オシロイバナは夕方16時ころに開き始めて翌朝には閉じてしまいます。
夜に咲くということは、やはり夜に活動する虫がお目当て。開花とともに甘い香りを漂わせて虫を誘い、受粉を手伝ってもらおうという作戦をとっているようです。
カラスウリと一緒に探してみてください。

# 嫌われていても可愛く咲く

## ヤブカラシ

| | |
|---|---|
| 科名 | ブドウ科 |
| まちで見かける草丈 | つる性（つるが伸びていくところまで） |
| まちで見られる時期 | 花は７月〜９月 |
| 探しに行くなら | 道ばた、空き地 |

図鑑によって、ヤブガラシと掲載されることもありますが、今回は『BG Plants 和名－学名インデックス（YList 米倉浩司・梶田忠）http://ylist.info』と『改訂新版　日本の野生植物』（平凡社）によって、ヤブカラシとして掲載します。

その名前を検索すると、駆除やら撲滅という言葉が一緒に表示されるほどの嫌われようの**ヤブカラシ**。

この植物がそこまで嫌われている理由は近づいていくとよく分かります。じつはこのヤブカラシが生えている場所は、もともと

ヤブカラシではなく、サツキが植えられている場所だったのです！

たとえばこんな植込みにひょこっと出てきたりしようものなら

一気にヤブカラシにのみこまれてしまうので、皆警戒しているというわけです。

ツル植物なので、いろんな場所につかまっては伸びていくたくましい生き方をしています。その勢いたるや、藪をも枯らすほどなのでヤブカラシという名前になったのだとか。

君にももう少し愛嬌があればそこまで嫌われないかもしれないのにねぇ。と急に不憫になってきたので、ちょっと探してみました。ヤブカラシの可愛いところ。

よぉく目をこらして見ると、こんなぶつぶつが出ています。
はじめはぎゅっと近くに集まっていたものが少しずつ開いていき

じわじわ離れていくと

なにやらオレンジ色やピンク色が見えてきます。

もうお分かりかと思いますが、そうです。これがヤブカラシの小さな小さなお花なのでした。緑色の花びらが4枚ちゃんとついていて、雄しべが4本、真ん中から雌しべも1本揃っている、まぎれもなくお花です。

緑色の花びらの部分は、どうもすぐに落ちてしまうみたいで、午後に見に行くとこんな状態になっているものをよく見ます。

真ん中から蜜が出てきているので、アリが舐めにきていました。人間には嫌われていても、自然界では誰かの役に立っているんだねぇ（覆われた植物は迷惑だろうけど……）。

花が終わりになると、なぜか色がピンク色になっていくみたいです。

それであんなにカラフルな見た目になっていたんですね。

うぅん、やっぱりキュートな一面も持っていたヤブカラシ。

駆除前にせめて花の様子を見てやっていただけると嬉しいなと、すっかり感情移入して思うのでした。

# 小さな芸術作品

## コミカンソウ

| | |
|---|---|
| 科名 | コミカンソウ科（旧トウダイグサ科） |
| まちで見かける草丈 | 10㎝～20㎝ |
| まちで見られる時期 | 花は7月～10月 |
| 探しに行くなら | 道ばた、空き地 |

せっかく今日はお休みなのに予定がない。そんなときは近くの道ばたにかがみこんでみる。

特別珍しい植物というわけではないけれど、時間もあることだしちゃんと見ておこうかしら。

えっと、これが名前の由来になった実だよね。
小さいミカンみたいだからコミカンソウ。

改めて眺めてみると風情があるではありませんか。

いい植物だね、あなたも。

そう語りかけながら葉っぱの裏を見てみると

なにやら実の両脇に細かい粒々があるのが見えます。これの状態のいいものを探して見てみると

こ、これは……

真ん中から出てきているこの形状は雌しべの柱頭に違いない。

となるとこいつは雌花！
凄い、とても綺麗だ。

今日までコミカンソウの近くを素通りしていた私はなんと愚かだったのでしょうか。

そしたら雄花は？　雄花もあるはずだよね！　と、さっきまで予定がなくて落ち込んでいたくせに、急に元気になって探してみると

こちらには雄しべがちゃんと見えます。これも赤と白の模様がとても美しい。

いやぁ今日はなんと素晴らしい日なのでしょうか。ご近所でこんなにも素敵な自然の芸術を見ることが出来るだなんて。

コミカンソウを発見した路地はこちら。ここにざっと数えて60株ほどのコミカンソウが生えていました。草丈10㎝～20㎝ほどの小さな植物なので、地面を這うようにして見ないといけないのが恥ずかしいですが、勇気を出して路上にかがみこんでみたならば、そこには素晴らしい世界が待っています。

ちなみに実の大きさはひとつにつき3㎜程度なので、観察には少し覚悟が必要。
実際の実の大きさはこのくらい
ルーペ必須です。
おぉい、そこの道行く方々やぁい、これ素通りしたらもったいないよぉ。

コラム4

# 野菜も植物だって忘れてた

## ～ニンジンを育てて知るお野菜の一生～

3m×8mほどの小さな庭で、せっせと野菜を育てている。ナスやトマト、キュウリなどの定番野菜から、オレガノ、タイム、ディルなどのハーブまで、数えるといつも30種類前後の作物が庭を彩っている。朝、トーストに目玉焼きをのせ、その上に庭で採ってきたルッコラをぱらぱらっとかけて食べる朝食のなんと幸せなこと。庭で土と野菜に触れている時間が、1日の活力にも繋がっている。私にとっては、野菜が育つ様を近くで見ていられるというおまけまでついてくるのだからたまらない。

たとえばニンジンの種を蒔き、見守ること1週間ほど。なかなか出てこないなと心配になったころに、ひょこっと顔を出す2枚の子葉。線状の葉っぱの先にはまだ種の殻がついているのがなんとも愛らしく、思わず声援を送りたくなる。そしてその数日後、細かく裂けたような羽状の本葉がお出ましになる。葉を手でもむと鼻に抜ける爽やかな香りがし、ニンジンがセリ科であることを改めて思い出す。普段見る機会のない芽出しの瞬間に立ち会うことが出来ると、とても幸せな気持ちになる。

それから60日ほど経つと、根元にオレンジ色の部分が見えてきて、ようやく野菜としてのニンジンの姿が現れてくる。ニンジンは大きくなった根を食用とするので分かりやすいが、これがカブなら胚軸と言って、子葉と幼根の間が肥大化した部分が食用となる。普段食べている野菜が植物のどの部分なのか、調べてみるととても面白い。ジャガイモは地下の茎が肥大化した部分。サツマイモは根が大きくなった部分。ミョウガはじつは花のつぼみで、タマネギはそのほとんどが葉が変形したもの。どれもこれも興味深い。

大きくなったニンジンは収穫して美味しくいただくが、その内何本かはそのまま庭に残しておく。しばらくすると、中心部から長く茎が伸びてきて、その先端に花が咲く。5㎜弱の小さな白い花がたくさん集まって、大きく円形に広がるその様子は繊細かつ豪華で、近づいてみるとほんのり甘い香りが漂ってくる。これがもしたくさん咲いていたら、白い花園のようでさぞかし気持ちがいいだろうなと想像したりもする。

そしていよいよ種だ。ニンジンの種にはたくさんのとげとげがついていていて、触れると少し痛い。気が付くとズボンに種がたくさんくっついていて、もしかしたらもとは、動物などにくっついて分布を広げる植物だったのではないか……とニンジンの祖先にまで思いを馳せてしまう。こうして出来た種を大事に保存しておけば、次のシーズンでまた庭に蒔くことが出来る。

野菜を自分で作ってみると、農家の方への感謝の気持ちが湧いてくる上に、野菜を通して植物のことを理解することも出来る。

いいことだらけの家庭菜園、庭がなくてもプランターなどで挑戦出来るので、ぜひお試しいただきたい。

# 第5章
# 知恵の結晶を楽しむ

植物の種

# 私、こう見えてマメなんです

## シロツメクサ

| | |
|---|---|
| 科名 | マメ科 |
| まちで見かける草丈 | 10㎝～20㎝ |
| まちで見られる時期 | 花は4月～8月（ときに10月ころまで咲いているものも） |
| 探しに行くなら | 公園 |

数ある植物の中でも知名度抜群の**シロツメクサ**。

花冠や花指輪をつくったことがある方も多いと思います。

クローバーの葉っぱも有名ですし、わざわざ腰を下ろして観察してみようという気持ちがずっと起きていなかったのですが

ねぇねぇ、ちょっと私の花もちゃんと見てみてくれない？

と呼びかけられたような気がしたので、近くに寄ってみました。

これが花の咲き始め。
このひとつが花

シロツメクサは、あのぼんぼりがひとつの花なのではなく、小さな花の集合体で出来ています。

下から上へ順番に開花していき

一番上まで花が咲いたら、今度は下から順番にうなだれていき

開花中の花と、開花後の花とで上下に分かれていきます。

最終的にはすべての花が咲き終わり、下向きの茶色い房になるというようにことが進んでいきます。

咲き終わった花を上から見るとこんな感じ。

こうして見ると、たくさんの花が咲いていたのだということがよく分かります。花が終わったということは当然その実がつくはずなのですが、そういえばシロツメクサの実って見たことないなぁと気が付きました。

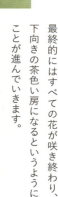

そこで、茶色くなった花びらを取り除いてみることに。

小さくて見えないのでアップにします。

ここです。
わっ、
こ、これは。
この形状は！

紛れもなくマメのさや
ではないですか。

ビフォー、アフターで並べてみました。

こうして見ると、そもそも花自体もマメ亜科の特徴である蝶形花《ちょうけいか》（左右対称で正面から見ると、蝶のような形をした花）であることが分かります。

ということは、

やっぱりちゃんと中身も入っていました。そうかぁ、マメだったのね、あなたは！

ちなみに、シロツメクサの名前の由来は、箱の中に〝詰め〟た〝白〟い〝草〟からきているのだそうです。江戸時代にオランダから食器を運ぶ際の梱包材としてシロツメクサが使われて、そのときに種子がこぼれて日本に定着したのだと言われています。

鎖国時代の数少ない交易のチャンスを見事に活かして、日本に辿り着いたたくましき植物。マメ科だという証拠もばっちり押さえたし、これからはちゃんとあなたのことを見るようにしますよ。

# 異国で種の
# ばら蒔き作戦
## ナガミヒナゲシ

| | |
|---|---|
| 科名 | ケシ科 |
| まちで見かける草丈 | 15㎝～60㎝ |
| まちで見られる時期 | 花は5月～6月 |
| 探しに行くなら | 道ばた、空き地、公園 |

毎年5月ころになると、皆さんが慌てて引っこ抜く植物。

それがこのナガミヒナゲシ。オレンジ色の花びらが特徴的で、道ばたや空き地、ときには畑にと、どこででも出会うことが出来ますが、じつは日本ではなく地中海地方が原産の植物です。その旺盛な繁殖力にほかの植物が圧倒されてしまうため各地で嫌われ続けていますが、あなた突然外国にやってきてよくそんなに増えられるねぇと興味が出てきてしまうのが私の性分。

「エクスキューズミー、ちょっと中見せてくれません?」と花びらをこじ開けてみてびっくり!

なんだかインパクトのある見た目です。やっぱり外国の植物は違うなぁ。

さて、分かっているんですよ私には。あなたがたくさん増えることが出来る理由……

きっとここに秘密があるんでしょう？

ナガミヒナゲシの実の上部は窓のような構造になっていて、
ここをこつこつ叩いてみると

ぽろぽろ小さな種が出てきます。

これ一体ひとつの実につき何個の種が入っているんだろうか……そう思ってしまったが最後、これは今すぐに数えなければ。

うわぁ凄い。

というわけで、まだ窓が開いていない状態の実をひとつ部屋に置いておいて、完熟してから種を全部取り出して数えてみたところ、

その数なんと2858個！
凄いなぁ、これは増えるわけだわ。
1,000
2,000
2,800
2,858

いやぁなめてました。1000個くらい数えたところで激しく後悔しましたからね。なにせ小さいもんで、数えるのに2時間くらいかかってしまいました。

それにしても、こうしてああだこうだ言って観察している間に、きっと私の靴底にはナガミヒナゲシの種がついていて、まんまと運び屋をやらされているのだろうと思うと、この植物の手ごわさをさらに強く感じるのでした。

ちなみにこれが実を真上から見たところ。
えっ、やっぱり可愛いじゃん。
どうしよう、困ったやつなのに憎めない……

# アリさんにお願いだ

## クサノオウ

| | |
|---|---|
| 科名 | ケシ科 |
| まちで見かける草丈 | 20㎝～80㎝ |
| まちで見られる時期 | 花は4月～6月 |
| 探しに行くなら | 道ばた、空き地 |

**クサノオウ**と聞くと、えっ、草の王様？と思ってしまいますが、実物は案外と可愛い見た目。

これのどこが王様なのかしら？

あえて言うなら、つぼみが少々強そうではありますが、これで草の王はないよねぇ。

そう思い調べてみると、クサノオウの〝草〟はどうも皮膚病などをあらわす〝瘡《くさ》〟のことのようで、かつて治療に使ったことがあるから、というのがその名前の由来なのだとか。

茎を折ると、黄色の液が出てくるためクサノオウ（草の黄）としたという説もあるようですが、

この液体を口にすると頭痛や吐き気などをもよおしてしまうようなので、くれぐれも薬効を試したりはしないようにしてください。

あるときは薬になり、あるときは毒になるクサノオウ。

こうして外から可愛い花だねぇと見て楽しむくらいがちょうどいいのかもしれません。

たとえばこういう風に、雌しべがくねくねしてるところとかいいじゃないですか。
ちょっと気になるので、しばらく見守ってみようかしら。

ということで後日また見にくると、すっかり花びらが落ち、くねくねだった雌しべも随分と長く伸びていました。

中には割れているものがあったので、その部分を見てみると

あった！　種がもう出来ていました。

なんだか黒い種に変なものがくっついているように見えるので、ばらばら取り出してみると

こんな白いものがくっついていました。
微妙にウェーブしていて美しいですね。

じつはこれはエライオソームと呼ばれ、クサノオウの種にとってきわめて重要な役割を持っている部分。まったく耳慣れませんが、ここにはアリが好む物質が含まれているため、落ちた種を見つけたアリがエライオソームを運ぼうとするのだとか。

つまりこの白い部分は
アリさんへ支払う運搬費

自ら動けなくとも、アリさんに運んでもらい分布を広げようとするのがクサノオウの作戦だったというわけなのでした。ということは、あそこに咲いているのもここに咲いているのも、アリが運んだ結果なのかしら。その旅路を想像するとなんだか愉快な気持ちになってきます。ちゃんと運賃を支払うなんて、王様ではなく庶民的な草だったんですね。

探してみよう

## ほかにもたくさん、“アリ散布”の植物

このようにアリに種子を運んでもらう方法をアリ散布と言いますが、
エライオソームを持つ植物はほかにも
カタクリ、スミレ、スズメノヤリなど多くあります。

これはアオイスミレの種。スミレの中でも大きなエライオソームを持ちます。
この種はどうかな？　と自分で探してみると意外な発見があるかもしれません。

# ねばねばくっつき密着マーク

## チヂミザサ

| | |
|---|---|
| 科名 | イネ科 |
| まちで見かける草丈 | 10㎝～30㎝ |
| まちで見られる時期 | 花や実は8月～11月 |
| 探しに行くなら | 空き地、公園 |

茎などに毛が多いものをケチヂミザサ、毛がほとんどないものをコチヂミザサと分ける場合がありますが、今回はまとめてチヂミザサとしてご紹介します。

その地味な見た目により、とても知名度が低いですが、じつはどこにでもよく生えている**チヂミザサ**。

笹のような葉っぱを持ち、ふちが縮れているのでその名前がついたと言う草ですが、見慣れてくるとよく目につくようになります。

そこらにたくさん生えているので、なにか魅力的な部分でもあれば人気も出て、知名度も上がるだろうに……と急にお節介な気持ちになって探してみました。チヂミザサのチャームポイント！

通好みの美しさを秘かに発揮しているではありませんか。もしかしてほかにもなにかあるかもと、花が終わり、実となったころにも改めて観察をしてみました。

これまた地味ながら美しい。
なんだ、やっぱり魅力的じゃないか。

よし、これで皆に自信を持って紹介することが出来るぞ、と一安心して帰ろうとしたとき、

ふとズボンに目をやると実がくっついていました。しかも取ろうとするとべたべたします。

あれ、なんだこれ？
もしかしてさっきの
あれって

じつは気にはなっていたんです。水滴みたいのがついていて綺麗だなって。

これはただの水滴ではなく、人や動物にくっつくために出すねばねばだったんですね。

勝手に知名度向上なんて考えてしまいましたが、チヂミザサにとっては人間社会から人気が出るよりも、人知れずズボンにくっついて遠くに運ばれた方が都合がいいわけなんですよね。

よし分かった。忘れよう、あなたのことは。だけどたまには顔をのぞかせてもらうくらい、いいよね？　知らないふりして種運んであげるからさ。

# プロペラつけて どこ行くの?

## ユリノキ

| | |
|---|---|
| 科名 | モクレン科 |
| まちで見かける樹高 | 15m 〜 30m |
| まちで見られる時期 | 実は11月〜2月、花は5月〜6月 |
| 探しに行くなら | 街路樹、公園 |

公園をぶらぶら歩いていると、
足もとになにかを発見。

なんだこれ。

こういうときは、上を見上げて
みるときっと答えがあるはず。

あった。

そうか、**ユリノキ**だ。
よく見るといっぱい
ついてるな。

落ちていたものを拾ってみるとこんな形。

どれどれよく見てみるかと持ち上げると、あれ、崩れた！

中からぽろぽろなにかが出てきます。

軽く振るだけでばさばさ落ちてくる謎の棒たち。

この状態だとなにがなんだか分かりませんが、ひとつずつ見てみれば一目瞭然。

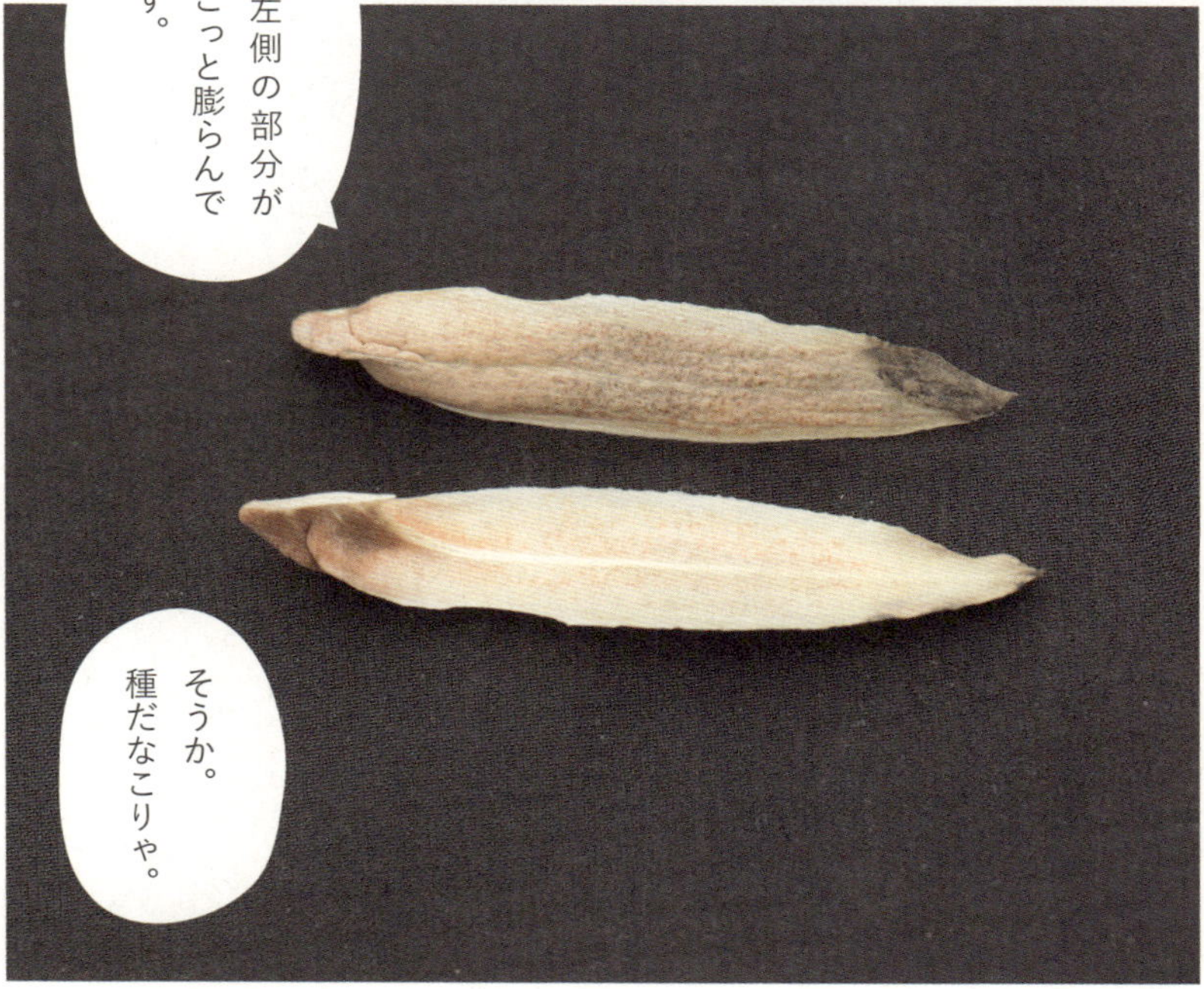
棒の左側の部分がちょこっと膨らんでいます。
そうか。種だなこりゃ。

これ一体何個入っているんだろう……と思ったら自分で数えるというマイルールがありますので、今回も気付いたら棒状の実を並べ始めていました。

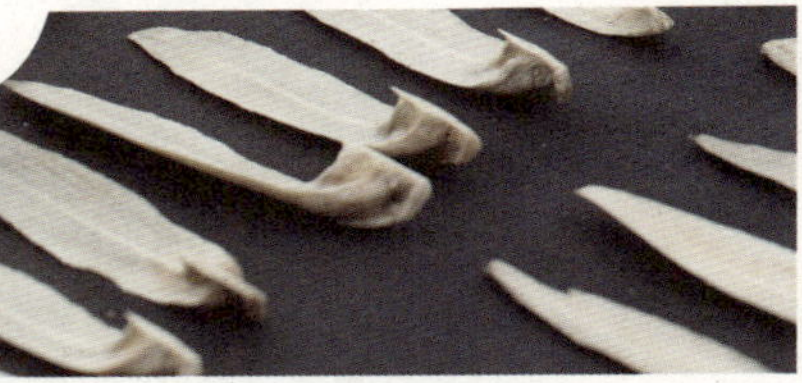

今回は落ちていたものを崩して数えたので、きっと本当はもう少し入っているはず。となると、ゆうに100個は超えているものと予想。こんなにたくさん出来ていたのかぁ。

と、ここでぴゅう〜と風が吹いてきた。

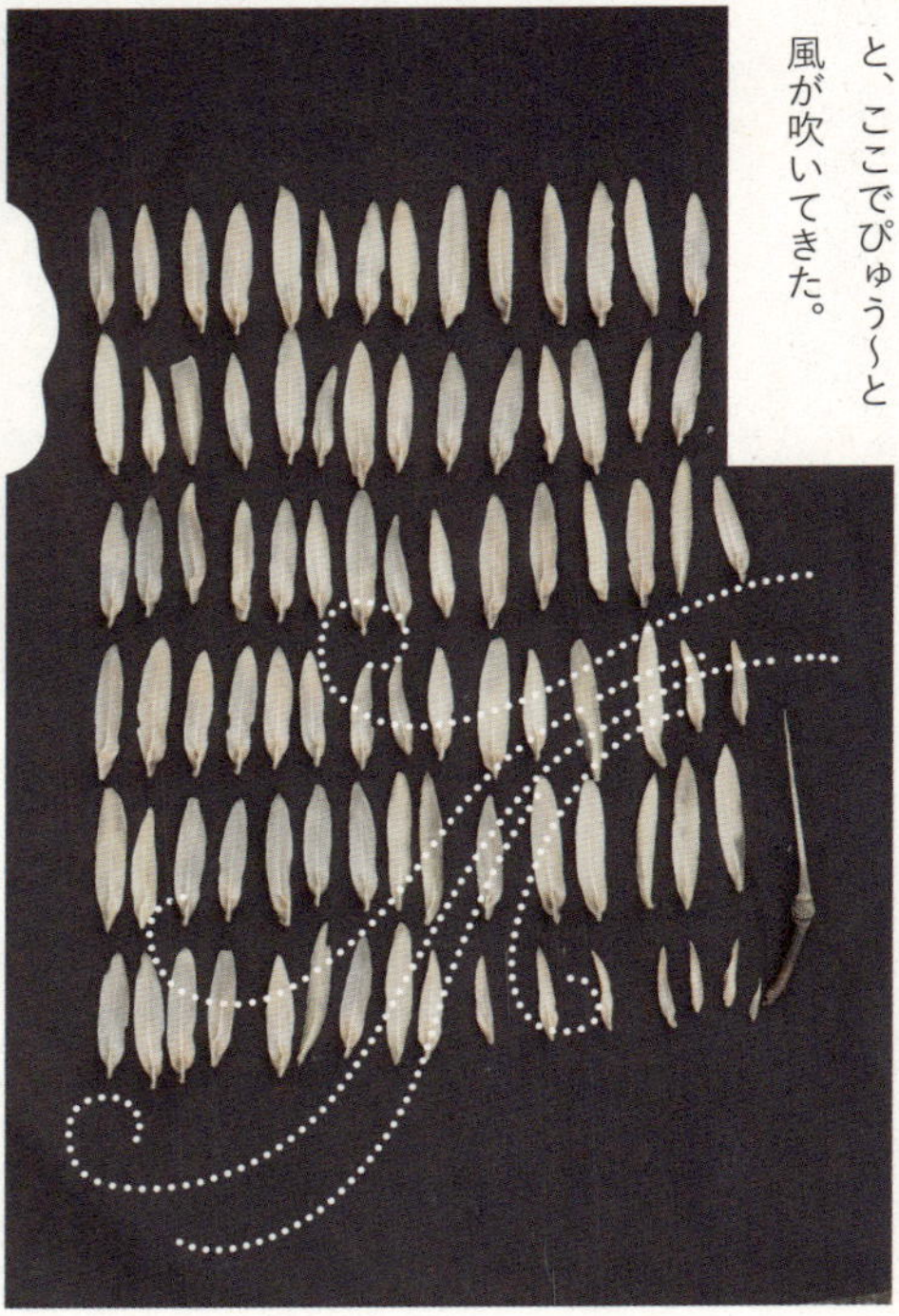

もう少し違う角度でも写真撮ろうと思っていたのに!!
なんて風に吹かれやすいやつ!!!

と、肩を落とすもあれあれ？ なんだか種が入っているでっぱりのところを中心に、棒状の部分が回転しているように見えるぞ。

もうお分かりになった方もいらっしゃるかと思いますが、ユリノキの実は樹上から落ちる際に、種のおもりを中心にくるくるプロペラのように回転しながらゆっくりと落ちてきます。

そのときに風が吹けば、遠くに飛んでいくことが出来るというのがユリノキの作戦。

ははぁ、これまたうまくしたもんだ。
あなたはどこまで行くのかな？

探してみよう

## 春にも観察してみよう

➡
春にはこんなものが
足もとに落ちています。

⬅
見上げればそこにはユリノキの花。
別名のチューリップツリーは、この花の様子からきています。
可愛らしいので、春もぜひ探してみてください。

# おもしろかわいく、<br>びっくりな種の楽しみ

## アンモナイトの
# アオツヅラフジ

| 科名 | ツヅラフジ科 |
|---|---|
| まちで見かける草丈 | つる性（つるが伸びていくところまで） |
| まちで見られる時期 | 種は10月～2月 |
| 探しに行くなら | 空き地、公園 |

青い実の**アオツヅラフジ**

ブドウのような果肉に包まれた種を洗ってみると

あれれ、これはなんとアンモナイト？

## ハートが入った
# フウセンカズラ

| 科名 | ムクロジ科 |
|---|---|
| まちで見かける草丈 | つる性（つるが伸びていくところまで） |
| まちで見られる時期 | 種は8月～11月 |
| 探しに行くなら | 道ばた、空き地、庭木 |

風船のような実をつける**フウセンカズラ**。

風船の中には三つ種が入っていて

正面から見るとハート型！　目を書いたらお猿さん!?

## パンクロッカーの
# ムクゲ

| | |
|---|---|
| 科名 | アオイ科 |
| まちで見かける樹高 | 1m 〜 2m |
| まちで見られる時期 | 種は11月〜2月 |
| 探しに行くなら | 道ばた、街路樹、公園、庭木 |

**ムクゲ**の種に近寄ってみると

なにやらハードコアな予感がします。

取り出してみるとそこにはモヒカン姿のパンクロッカーが！

## 打ち出の小槌？
# カラスウリ

| | |
|---|---|
| 科名 | ウリ科 |
| まちで見かける草丈 | つる性（つるが伸びていくところまで） |
| まちで見られる時期 | 種は10月〜2月 |
| 探しに行くなら | 道ばた、空き地 |

夏の夜に咲く**カラスウリ**（➡P.134）は、秋にはこうしてオレンジ色の実をつけます。

これを割ってみると、中身がびっしり。

洗ってみると、打ち出の小槌がたくさん入っていました。種をお財布に入れておけばいいことあるかしら。

種界の技巧派
# ヤブミョウガ

| | |
|---|---|
| 科名 | ツユクサ科 |
| まちで見かける草丈 | 50cm ～ 1m |
| まちで見られる時期 | 種は9月～12月 |
| 探しに行くなら | 空き地、公園 |

秋に青黒い実をつける**ヤブミョウガ**。

慎重に外側の皮をむいてみると、なんとも几帳面に種が収納されています。

小さな種はまるでブロックのよう！

もっとパンクな
# フヨウ

| | |
|---|---|
| 科名 | アオイ科 |
| まちで見かける樹高 | 1m ～ 3m |
| まちで見られる時期 | 種は11月～2月 |
| 探しに行くなら | 道ばた、街路樹、公園、庭木 |

**フヨウ**の種を取り出すと

またまた毛が生えた種が入っていました。

げげっ！　ムクゲよりもパンクな種がいた！

# 自分で勝手にテーマを見つけて観察する

植物観察をする際、すでに図鑑に書いてあることでも自分の目でちゃんと確認するということを大事にしている。頭に知識を入れるだけでなく、自分の五感で実際に確かめることに観察の楽しさがあるからだ。

観察テーマはいくらでも見つけることが出来る。たとえば、まちを鮮やかに彩るフヨウの花を見ていたとき、この花は何時に開くのだろう？　とふと思う。すぐに手元の本や図鑑で調べてみると、そこには〝朝開く〟と書いてある。しかし、具体的に何時に花が開くのかについての記述は見当たらない。そうすればしめたもの。よし、これは自分で調べてみなければ！　こうして観察のテーマを見つけることが出来たら、体がうずうずしてくる。

さっそく観察スタート。朝開くというのだから、当然日の出とともにでしょう。と見当をつけ、翌日の日が昇るころに観察しに行くも、そこにはすっかり開いたフヨウの花が。あれ、おかしいなと思い、翌日はさらに早く起床し見に行くが、やはり花は全開。

二度の失敗を経て、今度は夜通し見守ってみることに。まずは23時52分に見に行き、さすがにつぼみであることを確認。続いて深夜1時ちょうどに見に行くも、やはりつぼみのまま。2時ちょうども状況に変化なし。動きがあったのは、そろそろ眠気が襲ってきた2時29分。唐突に、ふわっと開き始めるフヨウの花。まだあたりは真っ暗な時間帯だ。綺麗に折りたたまれていた花びらは、その後ゆっくりゆっくりと開いていき、明け方の4時2分にようやく全開状態に。その秩序正しい花の開き方にうっとりとしながら、片手ではガッツポーズ。これでフヨウの花が開く時間を突き止めることが出来たぞ！

またあるとき、庭に繁茂するドクダミを見ていて、どうしてこんなに増えるのだろう？　と思う。調べると、ドクダミは地下を走る茎で繋がっていて、そこからどんどん新しい芽を出してくるのだという。そう聞くと自分でも確認してみたくなる。スコップでドクダミ数株を慎重に掘り起こす。すると地上部では別の株に見えるドクダミが、じつは地下で茎によって繋がっている様子を見ることが出来た。調べて分かっていたはずのことなのに、自分で確かめてみると新鮮な驚きを覚える。

ほかにも、タンポポの根はとても長くまるでゴボウのようだと聞けば、やはりすぐさま掘り起こしてみる。その長さ、なんと驚きの63cm！　秋に可愛らしいドングリを拾えば、そういえばドングリの花ってどんなだろう？　と思い、翌春の観察テーマとして忘れないようにノートに書いておく。落花生を食べながら、地中に出来るマメってどんな仕組みなんだろう？　と思えば、庭に落花生の種を蒔き、毎日楽しく見守ってみる。

このように、観察のテーマには限りがない。私は観察中ずっと、どきどきわくわくして過ごしている。楽しんでいる内に、いずれ世界で初めての発見をしてしまうことだってあるかもしれない。植物観察は、自由で飽きることがない。

第6章

# 植物観察家の自由な謎解き

植物が残すヒント

# 冬芽の中で進む、春の準備

## ケヤキ

| | |
|---|---|
| 科名 | ニレ科 |
| まちで見かける樹高 | 10m ～ 30m |
| まちで見られる時期 | 新緑は４月 |
| 探しに行くなら | 街路樹、公園 |

様々な植物が動き出す春。ほんの少し目を離すと駆け足で夏に向かってしまうので、春を追う者にとっては大忙しの季節です。

ちょっと前までは固い冬芽だったはずの**ケヤキ**が

あぁっ！
もうこんな姿に!!

やばいやばい、これも経過を観察しなければ、と大慌てでほかの場所を見てみると

ほころぶ直前の冬芽がありました。かなり大きくなっています。

これが少しずつゆるんでくると
中からにょきにょきいろいろなものが伸びてきます。

あれ、冬芽の中身ってもしかして葉っぱが1枚だけ入っているのではなくて……

そうかそうか、これで納得。

この寂しい枝が一気にこんなにたくさん葉っぱをつけるのは、
冬芽ひとつの中にたくさんの葉っぱが入っていたからなんですね。
そりゃ一気に春になるわけだ。
春の爆発力は冬芽の中に秘密あり！

冬の間に、うーんこれはなんだろうと疑問に思っていたことが、暖かくなって突然判明することがあるので、春は謎解きみたいで楽しいなと思います。

こうした様子は、年に一度の限られた時間しか見ることが出来ないので、大事にしなくっちゃ。

探してみよう

# ほかの季節も見てみよう

冬芽から葉っぱが出るのと同時に、じつは葉っぱの付け根に目立たない雄花が咲いています。

ほかの位置を探すと雌花もありました。

秋になると、種は葉っぱの付け根についたまま熟し、葉っぱと枝と種がくっついたまま一緒に落ちていきます。風に乗ってはらはらと舞う様子を探してみましょう。

# 葉っぱが落ちても笑ってる

## ユズリハ

| | |
|---|---|
| 科名 | ユズリハ科 |
| まちで見かける樹高 | ２ｍ～15m |
| まちで見られる時期 | 新緑は４月、葉痕は１年中 |
| 探しに行くなら | 公園、庭木 |

近所を自転車で駆けていると、視界の隅に飛び込んできた明るい色。振り向き様に視線を向けると、そこにあったのは**ユズリハ**の新緑でした。

上の明るい緑色が新しい葉っぱで、下の濃い緑色が古い葉っぱ。こうしてたくさん並んでいると壮観です。

全体を眺めるとこんな感じ。

明るい緑が遠目にもよく分かります。そうか、今がこの季節だったかとひとり路上で手を打ち鳴らし、ちょこっと近づいてみます。

よく見ると葉っぱの色は3色あり、上部の明るい緑に、下部の濃い緑。続いてその右に黄色の葉っぱ。

じつはこれ、ユズリハの名前の由来を知るにはとってもいい状態。

ユズリハのように1年中葉っぱを落とさない樹木は常緑樹と呼ばれますが、これは同じ葉っぱがずっと枯れずについているわけではなく、古い葉っぱと新しい葉っぱが絶えず入れ替わっているために〝常に緑に見える樹〟という意味です。ユズリハは、この古い葉っぱと新しい葉っぱの入れ替えを同時期に行うのですが、それがまさにこの写真の瞬間。

古い葉っぱは新しい葉っぱが出てくるまでその役割を果たし、新しい葉っぱが大きく濃くなるころに散っていくので、古きから新しきに〝譲る葉〟＝〝譲り葉〟とたとえたというのがその名前の由来です。ユズリハが正月飾りなどの縁起物に使われるのは、このように鮮やかに世代交代をし、後世の人達が幸せに過ごせるようにという願掛けからきているのだと言います。

足もとを見ると、すでに世代交代を果たし落ちている葉っぱがありました。

それにしても、昔の人は植物のことを本当によく見ていたのだなと思います。だって結構地味ですよね、ユズリハって。この葉っぱの落ち方を見て末代までの幸せを願ったというのですから、今と昔では植物との付き合い方がまるで違ったのだろうなと感じさせられる樹木です。よし、私ももう少し観察してみよう。と葉痕を見に行くと、

葉っぱが落ちたあともこうして子孫の繁栄を願って笑っているなんて、見れば見るほどこちらの胸を打つ樹木です。

# そういえば、花はどこにあるんだろう

## クリ

| | |
|---|---|
| 科名 | ブナ科 |
| まちで見かける樹高 | ２ｍ～10ｍ |
| まちで見られる時期 | 花は６月 |
| 探しに行くなら | 畑 |

6月に入り、白い花がびっしりたくさんついている樹木があったら、それは**クリ**の木かもしれません。

やぁやぁ今年も随分と花が咲いたものだ。どれ、ちょっと見せていただこうか。

よっ！
なかなか渋いじゃない。
房状の花がかっこいいねぇ。

そう親し気に話しかけながら、じつはずっと疑問に感じていたことを思い出しました。そういえば、この花のどこにクリは実るのでしょうか。

だってこれですよ！

どう見ても雄しべだらけで、ここにクリが出来るわけがないですよね。きっとクリのもとになる雌しべがどこかに隠されているはずなんだ。

よし、今日は見つけるまで帰らないぞ！　と気合一発、クリの花をあちこち探してみることにしました。

さぁ、どこだどこだ～??
と、視線を先ほどの雄花の付け根に戻すと

あれ、いたわ。

結構あっけなく見つけてしまいました。これだこれだ！　これに違いない！
ひとつ見つかればこっちのもの。
次から次へと目に入ってくる雌花の数々。

ここでしょ。

そしてこっちにも。

思っていたよりも可愛らしい見た目をしていたクリの雌花。

中心から上に伸びている白い部分が雌しべの先端に違いありません。

なるほどね、これなら納得。房状の雄花の根元にいがいがの雌花が潜んでいて、それが大きくなってクリになるということなのでした。

秋にクリが大きくなっているのを見ると、おぉ！　お前、数か月前にはあんなに小さかったのに……と思わず頬ずりしたくなりますが、いがいがのガードに阻まれて遠くから熱い視線を送ることしか出来ないのでした。

# もの言わぬ樹木が、からだに残すメッセージ

## タブノキ

| | |
|---|---|
| 科名 | クスノキ科 |
| まちで見かける樹高 | 3ｍ〜20ｍ |
| まちで見られる時期 | 新緑は4月〜5月、芽鱗痕《がりんこん》は年中 |
| 探しに行くなら | 街路樹、公園 |

花が咲いていないときの樹木は、見分けるのが難しい……と思う方はどうも多いようです。たとえば

これはマテバシイの葉っぱで、

こちらは**タブノキ**の葉っぱ。

そう言われても、これでどうやって見分ければいいんだと頭を抱えたくなりますよね。分かります。そんなときは、少しだけ視点を変えて

枝にこんな模様がついていないかどうか探してみてください。

もしこれがついていたらタブノキ。ついていなかったらマテバシイと疑ってみてください。

植物の名前を調べるときは、葉っぱだけではなくいろいろなところに隠されているヒントを探しながら推測していくと、クイズやまちがい探しみたいで結構楽しくなってくるものです。

私はこの通称〝タブノキリング〟を大学生のときに先生から教えてもらい、こんなところにタブノキのメッセージが……！　と衝撃が走ったのですが、でもこのリングは一体なんなのだろうか？　という疑問だけがずっと残っていました。その疑問が解消されたのが、とある春の日のこと。

ぎょぎょっ！　なにこれ、どうしちゃったのかしら……。

すぐ隣の膨れ上がった冬芽を見て、あぁそうかびっくりした。冬芽の中身が出始めていたのねと納得。

冬芽の中はこんな感じで

たくさんの花と葉っぱが入っていました。

花も小さいながら整った形で素敵です。

わぁ、蜜！
こぼれるこぼれる！

いいねぇ、春だ。

こぼれる春だ！ と喜びの最中についに私は気付いてしまいました。

タブノキリング はっけ～ん！
ふっふっふ、分かって しまったぞ。

タブノキの冬芽は、その中身が出てくるときに外側をうろこ状に包んで守っていた部分がはらはら落ちていくのですが、それが落ちた痕がこうして傷跡のように残るのです。これがタブノキリングだったのです！

冬芽とは、きたる春にそなえて様々な手段で赤ちゃん葉っぱや赤ちゃん花を守る構造のことを言い、タブノキのように周りをうろこ状に包んで守るつくりを芽鱗《がりん》と呼びます。そして、この芽鱗が落ちた痕のことを芽鱗痕《がりんこん》と言います。つまり、タブノキリングはタブノキが春に新緑を伸ばす際に残す芽鱗痕だったというわけです。

よし、これで積年の謎が解けたぞ。ということはこれでもうひとつ謎解きが出来るはず！

3年前
2年前
1年前
今年
この写真にはタブノキリング（芽鱗痕）が三つ写っています。
タブノキは1年に1回だけ新芽を伸ばすので、この写真の中には4年分の成長過程が写されているということが分かります。
それぞれの間隔が結構短いですよね。

それでは、ほかのタブノキリングはどうなっているだろうかと探してみると、1年分の成長が長いものや、短いものと長いものが混ざった枝があったりと、その間隔は枝によって様々。

その様子を見ていると、きっとこの枝は日当たりがいい場所にあるから成長が早いんだろうな、とかこの枝は途中で成長が遅くなっているから、3年前にここだけ日当たりが悪くなったのかもしれない、とタブノキの過去のことを推測して楽しむことが出来ます。

もの言わぬ樹木も、からだのどこかにメッセージを隠し持っていて、それを人間が読み取ることさえ出来れば、意外に多くのことを教えてもらえます。そうこうしている内に、名前はあとから自然と覚えてしまうもの。まずは植物と親しくなるところから始めるのがいいのだと思います。

# “葉見ず花見ず”
# その意味は?

## ヒガンバナ

| | |
|---|---|
| 科名 | ヒガンバナ科 |
| まちで見かける草丈 | 20㎝～50㎝ |
| まちで見られる時期 | 花は9月、葉は10月～4月 |
| 探しに行くなら | 道ばた（本来は田畑の畦《あぜ》や河原などに多い） |

まだ暑さが残る9月の中下旬、今までなにもなかったでしょ!? というところから凄い勢いで顔を出してくるのがこの花。

秋のお彼岸のころに咲く**ヒガンバナ**です。

知名度抜群なので、花の特徴の説明は不要かと思いますが、結構つぼみが可愛らしいのだということをご存知でしょうか?

これです。お彼岸に灯す蝋燭《ろうそく》の火のようでもありますね。

ヒガンバナは5～7個の花がまとまって咲くので、よく探すと気が早いものだけ咲いているのを見つけることがあります。

このつぼみがすべて開くと、こうして見慣れたヒガンバナの姿になります。

何度見ても雰囲気のあるいい花だなと思いますが、ちょっとなにかに気付きませんでしょうか？

ここです。ここにぐ――っと寄ってみるとどうでしょう。こう思いませんか？

……すみません、大丈夫です。こんなこと思わないほうが普通です。

でも、ないですよね葉っぱ。どこにも見当たらないですよね。一体どこにあるのかしら？

どれくらいの方が気になるのか分からないこの疑問、じつは花が咲き終わったあとに正解を知ることができます。

ある年の10月7日に様子を見に行くと

すっかり花が終わり、くたっと枯れかけているヒガンバナを見つけました。このタイミングで根元を見てみると

ということで、あっけなく正解が判明。

ヒガンバナは花が咲いているときには葉っぱを出さず、花が終わってから葉っぱを出すという方法を取っていて、ヒガンバナの別名〝葉見ず花見ず〟とはまさにこのことを指しています。

この花が咲く9月中下旬は、まだ多くの草木が互いに切磋琢磨しながら上や横に伸びたり、ほかの草木に巻き付いたりして日の光を求めている時期。また春から夏にかけては、光合成を行うのに適切なように見えて、じつはライバルが多い季節とも言うことができます。

そこでヒガンバナは考えた(という表現が適切かはさておいて)。

「ライバルが多い夏には葉っぱを出さず、ほかの植物が少なくなる冬を狙って自分の葉っぱを出せばいいのではないか!」と。
新しい葉っぱ
花がついていた茎

右方向に倒れている黄色い枯れたものは花がついていた茎で、真ん中からすくっと立ち上がる緑色のものがヒガンバナの新しい葉っぱです。

確かに冬は光合成を行うには不向きな季節ですが、その代わりに周りの草はいなくなり、頭上を覆う樹木の葉も落ちるため、光を独占して集めることが出来るようになります。

秋から翌年の春にかけて光合成を行い、そのエネルギーや栄養を地下の球根に貯める。

秋〜春

⬇

そして、翌年の夏ころにまたライバルが増えてきたら、潔く葉を枯らして一度地上から姿を隠す。

夏

⬇

秋がきたころ合いで、地下に蓄えたエネルギーと栄養でもって一気に地上に現れて花を咲かせたら、すぐさまその花を枯らし、また新しく葉っぱを出す。

秋

⬇

こういう性質を冬緑性《とうりょくせい》と言いますが、なかなか上手な方法だと思います。



ヒガンバナを見ていると、「皆と同じ生き方をしなくたって、自分なりのやり方があるさ」と励まされているようで勇気が出てきます。

植物の戦略の多様さや面白さを感じることが出来るので、ヒガンバナの葉っぱ探し、おすすめです。

コラム6

# 生まれた場所で、個性豊かに生きるには

## 〜足もとの植物が教えてくれること〜

「小さいときから自然が好きだったんですか?」とよく聞かれるが、なんと私は自分でも驚く東京は港区生まれ新宿区育ちである。思い出の光景として残っているのは、まちを歩く外国籍の人々や、駅前のなんとも言えない異臭、友達と遊んだ公園に立ち並ぶホームレスの人の青いテント、学校にいた様々な家庭事情を抱えた同級生たち……。

その一方で、父が小笠原に何度も単身赴任をしていたため、小学校の夏休みや冬休みを利用して、小笠原で過ごすという経験もさせてもらった。山では木のツルでぶらんこをして遊び、海では手に触れられるほど近くを泳ぐ魚やウミガメを追いかけてい

つまでも泳いだ。夜には不思議な光るキノコを探しに行ったり、家族で満天の星空を眺めたりと、今でも思い返せば胸にせまる大きな感動をたくさん味わった。

都会には様々な価値観を持つ人々が暮らしていて、自然の中では草木や動物たちが複雑に関係しながら生きている。大都会と大自然を行き交うようにして育っていく中で、私の中には多様性への理解が自然と育まれていったように思う。

大人になり、まちの中で生きる植物を探すようになってから、都会でも多様な自然に出会うことが出来ると気が付いた。〝植物は互いに協調して生きている〟と、美談的に紹介されることもあるが、知れば知るほど植物の世界は過酷だ。虫をだまして花粉を運ばせたかと思えば、違う虫に葉っぱを食べられてぼろぼろのまま生きていたり。せっかく大きく育ったのに、あとから追い上げてきたツル植物にのみこまれて苦労していたり。植物はそれぞれ大変な中で一生懸命に生きている。そしてそこには生きるための知恵や、驚きと感動、生の面白さがある。

人は月まで行けるようになったが、地球の中のことはまだほとんど知らないという。同じように、ネットで世界中のことをすぐに知ることが出来るようになったが、私はいまだに庭に生きる草や虫たちのすべてを知っているわけではない。外に向かっていく無限があれば、内に向かっていく無限もあるのだと気が付くこと。自然と触れあう時間を過ごしていると、大事なことに気が付くきっかけをもらうことが多くある。

もしも目の前に困難や不安が立ちふさがったときには、足もとの自然を見てほしい。そこにはこの本で紹介したような、自ら動けないからこそ、あの手この手で工夫を重ねて生きている植物たちがいる。生まれながらに違う個性を持った彼らが、他と自らを比較することなく我が道を進んで行く様子を見ていると、私たちも自分自身の世界を大切にし、ありのままに生きていていいんだ。と、勇気をもらうことが出来るはずだ。

何度でも何度でも足もとに立ち返り、植物を見つめながら、自分らしく前を向いて生きていきたいと思う。

# 植物観察家に聞く Q & A

Q

今一番お気に入りのまちの植物は？

A

## この本の中だとツメクサ。

どこにでもいてくれるので、ほっとします。いつもそこにいてくれる存在っていいですよね。

Q

もしかして、ひとり言を言いながらまちの植物を観察しているのですか？

A

## ご明察！

さすがにすべて言葉にしているわけではないですが、まじかよ！　うぉー！　のような叫びは大体ほんとに口からも出ています。

Q 春の植物観察家の1日のスケジュールを教えてください！

A **朝、植物を見て、昼、植物を見て、夜、翌日の作戦を練っています。**

春の植物の動きは、本当に早いです。明日その様子を確認しようと油断していると、翌日にはもう違う姿になっているので、毎日臨戦態勢です。ちなみに、それぞれの季節に観察しておきたい植物のリストをいつもノートにまとめてあるので、春はその観察リストを潰していくのが楽しみです。観察会も多い季節。春は休みません！

Q 日本と世界で、まちの植物の種類は違うのですか？

A **とっても違います。**

たとえば私が過去に行ったことのある国で言えば、中国の北京ではエンジュやポプラの樹など、日本でもなじみのあるものも多く植えられていましたが、モロッコくらいまで遠くに行くとミカンが街路樹になっていたり、砂漠のエリアのまちにはサボテンが立ち並んでいたりと、随分と様子が違って面白いです。

ちなみに日本の中でも、北海道に行けばナナカマドの街路樹がよく目につきますし、葉が肉厚なフクギやテリハボクの並木を見ると、あぁ沖縄に来たなぁという気持ちになります。まちの植物も場所によりそれぞれの特色があります。

Q 観察会に行ってみたい！どんな感じ？

A 私が一番楽しそうにしていると思います。超初心者向けに開催していますので、気軽にご参加ください！

日々の暮らしの中で植物を楽しめるように、というのが私のテーマなので、まちで開催していることが多いです。駅前のロータリーだけで1時間かかることがあれば、フェンスにからみつく植物を見て会が終わることもあります。今までで一番都会だったのは代官山ですが、普段見慣れない植物が多くあって楽しかったです。『まちの植物はともだち』という名前のサイトで観察会情報を出していますので、いつか直接お会い出来ればうれしいです。

観察会情報はこちらから ⬇

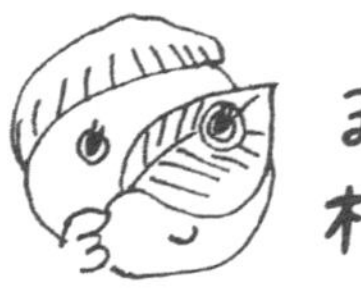

まちの
植物はともだち

https://beyond-ecophobia.com

## おわりに

最後までお読みいただきありがとうございます。この本を書きながら、植物観察にも楽しみ方のコツがあるのかもしれないと考えていました。それは、読めば分かるマニュアル的なものではなく、その場に合わせて柔軟に変化する、言葉にならない〝植物観察の勘所〟のようなものです。知識をご提供することよりも、それが皆さんに伝われば嬉しいなと思いながら取り組みました。

本書は専門書ではないので、花弁や花被片をまとめて〝花びら〟と記載したり、種子に見えるものは、果実であっても〝種〟と表現するなど、読みやすさを優先して書いた部分があります。学術的な正確さを重視したい方は、続いて専門書におあたりください。234ページから、私が教わってきた先生の書籍を中心に、おすすめ本をご紹介しました。今回の参考文献でもあります。どれも素晴らしい本ですので、ぜひ手に取っていただければと思います。

これまで多くの方にお世話になりました。まず、農大の先生方。造園というきっかけを与えてくださったことに感謝しています。あの4年間が今でも私の礎となっています。続いて、植物と仕事が両立することを教えてくれた冨山稔さん、その具体的な方法を叩き込んでくれた橋場みき子さんにも感謝です。お二人のおかげで、植物の世界に飛び込むことが出来ました。また、仕事を通してお世話になった先生方には様々なことを教えていただきました。スペースの関係上全員のお名前を挙げられないのが大変残念ですが、人生の早い段階で皆様から教えをいただくことが出来たことは本当に幸運なことでした。

中でも、植物写真家のいがりまさしさんには、公私ともに多くのことを教えていただき、本書を書く上でもアドバイスをいただきました。どうもありがとうございます。

声をかけていただいた雷鳥社の安在さん、優しく誘導してくれた編集の林さん、可愛いイラストを添えてくれた平野さん、私の目線を表現するという難題を写真に吹き出しをつけるという斬新なアイデアで解決してくれたデザイナーの窪田さん、今回のご縁を繋いでくれた知子さんにも感謝です。どうもありがとうございました。

最後に、パートナーの千尋、生まれたばかりの詩、いつも励ましてくれてありがとう。そして、この美しい世界に生んでくれた両親に最大の感謝を述べたいと思います。どうもありがとう！　どうかこれからも、この美しい自然を楽しめる世の中でありますように。

長い梅雨の早朝。ツユクサにつく水滴を見ながら。

令和元年七月十九日　植物観察家　鈴木純

## まちで植物を調べる（初心者向け）

生きもの好きの自然ガイド このは No.12
道ばたの草花がわかる！

**散歩で出会うみちくさ入門**

佐々木知幸／著
文一総合出版　2016年

都市環境で出会える植物に特化して200種が紹介されているので、まちなかでの観察を楽しみたい方におすすめ！

**色で見わけ五感で楽しむ野草図鑑**

藤井伸二／監修　髙橋修／著
ナツメ社　2014年

身近な野草が美しい写真で紹介されていて実用的な上、すべての植物に観察のワンポイントレッスンがついているのが嬉しい図鑑です。

フィールド・ガイドシリーズ23

**葉で見わける樹木**

増補改訂版

林将之／著
小学館　2010年

樹木図鑑の一冊目はまずこの本から。葉の形から名前を調べる方法はとにかく分かりやすいので、初心者におすすめ。

ネイチャーウォッチングガイドブック
増補改訂

**草木の種子と果実**

鈴木庸夫・高橋冬・安延尚文／著
誠文堂新光社　2018年

種子と果実の図鑑ならこの一冊。734種類もの植物が紹介されていて、眺めているだけでも楽しいです。

**冬芽ハンドブック**

広沢毅／解説
林将之／写真
文一総合出版　2010年

身近な冬芽を調べるならこれ。ハンディ図鑑なので持ち運びも楽ちん。

## 植物の生き方を知る

電子書籍

**したたかな植物たち**　多田多恵子／著
**あの手この手のマル秘大作戦**　SCCガーデナーズ コレクション　2002年
※ 現在同書はちくま文庫から2分冊で販売

ちくま文庫
**したたかな植物たち**
**あの手この手のマル秘大作戦【春夏篇】**
多田多恵子／著
筑摩書房　2019年発売済み

ちくま文庫
**したたかな植物たち**
**あの手この手のマル秘大作戦【秋冬篇】**
多田多恵子／著
筑摩書房　2019年秋発売予定

植物の生き方の多様さ、面白さをこれでもか！　というほど教えてくれる本。初心者でも分かるような表現で書いてくれているのが嬉しいです。

**大自然のふしぎ**
**増補改訂**
**植物の生態図鑑**
多田多恵子・田中肇／著
学研プラス　2010年

子ども向けの本ながら、大人でも熱中して読んでしまうほど盛り沢山の内容。植物の生態を知りたい方の入門用書籍として！

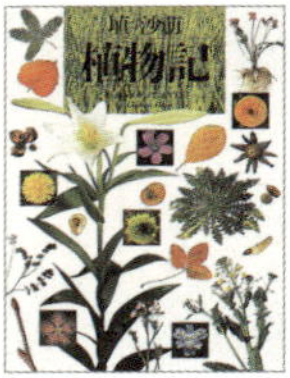


**写真記シリーズ**
**植物記**
埴沙萠／写真・文
福音館書店　1993年

読んでいて涙が出てくるほど植物愛に満ちた一冊。身近な植物の驚きに満ちた世界が、美しい写真でたくさん紹介されています。

## 植物写真を撮る

**デジタルカメラで楽しむ四季折々の草木**
**野の花写真 撮影のテクニックと実践**
いがりまさし／著
技術評論社　2018年

植物写真を撮ってみたい方はまずこの一冊から。植物写真家いがりまさしさんの的確で真摯なアドバイスがぎっしり詰まっています。美しい作例を見ていると、今すぐカメラを持って出かけたくなります。

**文庫版**
**野草の名前** **春**
**和名の由来と見分け方**

高橋勝雄／著
山と溪谷社　2018 年

**文庫版**
**野草の名前** **夏**
**和名の由来と見分け方**

高橋勝雄／著
山と溪谷社　2017 年

**文庫版**
**野草の名前** **秋・冬**
**和名の由来と見分け方**

高橋勝雄／著
山と溪谷社　2017 年

植物の名前の由来を調べたいときにはこれ。名前を知りながら植物の生き方や見分け方も知ることができる優れた本です。

**万葉歌とめぐる**
**野歩き植物ガイド**
**春～初夏**

山田隆彦・山津京子／著
太郎次郎社エディタス
2013 年

**万葉歌とめぐる**
**野歩き植物ガイド**
**夏～初秋**

山田隆彦・山津京子／著
太郎次郎社エディタス
2013 年

**万葉歌とめぐる**
**野歩き植物ガイド**
**秋～冬**

山田隆彦・山津京子／著
太郎次郎社エディタス
2013 年

万葉集に登場する植物を紹介するユニークな本。恋心や仕事の悩みを植物に託して詠んだ歌を読むと、昔の人がどのように植物に親しんでいたかが垣間見えてきて、新たな楽しみ方が開けてきます。

大人の遠足BOOK

**高尾・奥多摩　植物手帳**

新井二郎／著
JTBパブリッシング　2006年

野山の植物を見に行くならまずは高尾山から。使いやすく野山での観察にぴったりの図鑑なので、ザックに入れて出かけてみましょう！

山溪ハンディ図鑑1
増補改訂新版

**野に咲く花**

門田裕一／改訂版監修
平野隆久／写真
畔上能力ほか／解説
山と溪谷社　2013年

山溪ハンディ図鑑2
増補改訂新版

**山に咲く花**

門田裕一／改訂版監修
永田芳男／写真
畔上能力／編集・解説
山と溪谷社　2013年

まちなかから飛び出して、野山で植物を見始めたい方にはこのシリーズがおすすめ！　初心者でも使える本格的図鑑です。

原種の花たち

**チューリップ**

**ヨーロッパ・アジア9カ国紀行**

冨山稔／著
文一総合出版　2018年

植物の中から1テーマに絞って調べてみるのも楽しいもの。たとえばよく知っているはずのチューリップ。海外ではどのように生きているか知っていますか？

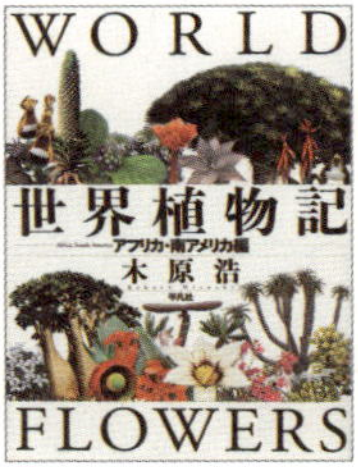

**世界植物記**

**アフリカ・南アメリカ編**

木原浩／著
平凡社　2015年

**世界植物記**

**アジア・オセアニア編**

木原浩／著
平凡社　2016年

世界に目を向ければ、あっと驚く植物がたくさん。素晴らしい写真とともに世界の広さと植物の面白さを知ることが出来る本。いつか私も行ってみたいところばかり！

## そのほかの参考文献


| | |
|---|---|
| **絵でわかる植物の世界** | 大場秀章／監修　清水晶子／著<br>講談社　2004年 |
| **植物はすごい**<br>**生き残りをかけたしくみと工夫** | 田中修／著<br>中公新書　2012年 |
| **イネ科ハンドブック** | 木場英久・茨木靖・勝山輝男／著<br>文一総合出版　2011年 |
| **新しい植物分類体系**<br>**APGで見る日本の植物** | 伊藤元己・井鷺裕司／著<br>文一総合出版　2018年 |
| **ミクロの自然探検**<br>**身近な植物に探る驚異のデザイン** | 矢追義人／著<br>文一総合出版　2011年 |
| **改訂新版**<br>**日本の野生植物　全5巻** | 大橋広好・門田裕一・邑田仁・米倉浩司・木原浩／編<br>平凡社　2017年 |
| **観察する目が変わる植物学入門** | 矢野興一／著<br>ベレ出版　2012年 |
| **検索入門　野草図鑑　全8巻** | 長田武正／著　長田喜美子／写真<br>保育社　1984年 |
| **樹木の名前**<br>**和名の由来と見分け方** | 高橋勝雄・長野伸江・茂木透／著<br>山と溪谷社　2018年 |
| **山溪ハンディ図鑑3**<br>**樹に咲く花　離弁花1** | 茂木透／写真　高橋秀男ほか／監修・解説<br>山と溪谷社　2000年 |
| **山溪ハンディ図鑑4**<br>**樹に咲く花　離弁花2** | 茂木透／写真　太田和夫・勝山輝男ほか／解説<br>山と溪谷社　2000年 |
| **山溪ハンディ図鑑5**<br>**樹に咲く花　合弁花・単子葉・裸子植物** | 茂木透／写真　高橋秀男・城川四郎ほか／解説<br>山と溪谷社　2001年 |
| **山溪ハンディ図鑑14**<br>**樹木の葉　実物スキャンで見分ける1100種類** | 林将之／著<br>山と溪谷社　2014年 |
| **日本帰化植物写真図鑑**<br>**Plant invader 600種** | 清水矩宏・森田弘彦・広田伸七／編・著<br>全国農村教育協会　2001年 |
| **増補改訂**<br>**日本帰化植物写真図鑑　第2巻**<br>**Plant invader 500種** | 植村修二・勝山輝男・清水矩宏・水田光雄・<br>森田弘彦・廣田伸七・池原直樹／編・著<br>全国農村教育協会　2015年 |
| **全農教　観察と発見シリーズ**<br>**新・雑草博士入門** | 岩瀬徹・川名興・飯島和子／著<br>全国農村教育協会　2015年 |
| **はじめての植物学**<br>**植物たちの生き残り戦略** | 大場秀章／著<br>筑摩書房　2013年 |
| **日本の森大百科** | 姉崎一馬／著<br>CCCメディアハウス　2000年 |

そんなふうに生きていたのね
# まちの植物のせかい

---

2019年9月10日　初版第1刷発行
2019年11月18日　第3刷発行

文・写真　鈴木純

デザイン　窪田実莉
イラスト　平野さりあ
協　力　田村知子
編　集　林由梨

発行者　安在美佐緒
発行所　雷鳥社
〒167-0043　東京都杉並区上荻2-4-12
電話　03-5303-9766
FAX　03-5303-9567
http://www.raichosha.co.jp
info@raichosha.co.jp
郵便振替　00110-9-97086

印刷・製本　シナノ印刷株式会社


PRINTED IN JAPAN.　ISBN 978-4-8441-3759-7